无纸化考试专用

全国计算机等级考试教程

二级 Python 语言程序设计

根据新版考试大纲编写

策未来 ◎ 编著

NATIONAL COMPUTER RANK EXAMINATION

人民邮电出版社
北京

图书在版编目（CIP）数据

二级Python语言程序设计 / 策未来编著． —— 北京：人民邮电出版社，2021.10
全国计算机等级考试教程
ISBN 978-7-115-56602-7

Ⅰ．①二… Ⅱ．①策… Ⅲ．①软件工具—程序设计—水平考试—自学参考资料 Ⅳ．①TP311.561

中国版本图书馆CIP数据核字(2021)第107239号

内 容 提 要

本教程严格依据新版考试大纲，结合编者对全国计算机等级考试的多年研究成果及宝贵的辅导经验进行编写，旨在帮助考生（尤其是非计算机专业的考生）学习相关内容，顺利通过考试。

本教程共 10 章，主要内容包括程序设计语言和 Python 语言简介，表达式，数据类型，运算符，顺序结构、分支结构和循环结构的程序设计，列表、元组和字典等组合数据类型，文件，函数，turtle、random 等标准库，PyInstaller、jieba 等第三方库，面向对象。本教程中所提供的例题大部分来自无纸化上机考试题库。此外，本书还配套提供无纸化考试模拟软件，供考生模考与练习使用。

本教程可作为全国计算机等级考试 "二级 Python 语言程序设计" 科目的培训用书和自学用书，也可以作为读者学习 Python 语言的参考书。

◆ 编　著　策未来
　　责任编辑　牟桂玲
　　责任印制　彭志环

◆ 人民邮电出版社出版发行　北京市丰台区成寿寺路 11 号
　邮编 100164　电子邮件 315@ptpress.com.cn
　网址 https://www.ptpress.com.cn
　三河市君旺印务有限公司印刷

◆ 开本：787×1092　1/16
　印张：12.5　　　　　　　2021 年 10 月第 1 版
　字数：271 千字　　　　　2025 年 1 月河北第10次印刷

定价：42.00 元

读者服务热线：(010)81055410　印装质量热线：(010)81055316
反盗版热线：(010)81055315
广告经营许可证：京东市监广登字 20170147 号

本书编委会

主　编：王元茂

副主编：包　璇

编　委（排名不分先后）：

刘志强	尚金妮	段中存	张明涛
朱爱彬	范二朋	胡结华	钱　凯
方廷香	王　超	尹　海	龚　敏
张　松	蔡广玉	王元茂	包　璇
荣学全	李超群	赵宁宁	曹秀义
陈　超	刘　兵	王　勇	钱林林
韩雪冰	章　妹	王晓丽	何海平
刘伟伟	王　翔	费　菲	詹可军

前　言

全国计算机等级考试由教育部教育考试院（原教育部考试中心）主办，是国内影响较大、参加考试人数较多的计算机水平考试。它的报考门槛较低，根本目的在于以考促学。考生不受年龄、职业、学历等背景的限制，均可根据自己学习和使用计算机的实际情况，选考不同级别和不同科目的考试。本教程面向报考"二级 Python 语言程序设计"科目的考生。

一、为什么编写本教程

全国计算机等级考试的准备时间短，一般从报名到参加考试只有不到 4 个月的时间，甚至部分地区只有 1 个月的时间，留给考生的复习时间有限，并且大多数考生是非计算机专业的学生或社会人员，他们的计算机基础比较薄弱，复习起来比较吃力。通过对该考试的研究和对大量考生的调查分析，我们逐渐摸索出可以帮助考生（尤其是初学者）提高学习效率和学习效果的方法。因此，我们策划、出版了本教程，并将我们多年研究出的教学和学习方法贯穿全书，帮助考生巩固所学知识，以便顺利通过考试。

二、本教程特色

1. 贴合考试大纲

全国计算机等级考试"二级 Python 语言程序设计"科目自 2018 年 9 月开考以来，适应了社会对 Python 语言技能的需求。它不仅为广大考生提供了一个学习和提升 Python 语言技能的机会，也为企业选拔优秀的 Python 开发人才提供了更多的选择。为了配合考生自学和考试，我们在深入研究该科目考试大纲、操作软件和考试方法的基础上，组织了一批专家、名师编写了本教程。本教程适用于 Windows 7 操作系统环境、Python 3.x 的软件环境，考生可以通过本教程全面掌握"二级 Python 语言程序设计"考试大纲要求的考试内容。

2. 一学就会

本教程的知识体系都经过精心设计，力求将复杂问题简单化、将理论难点通俗化，让考生"一看就懂，一学就会"。

- 针对考生的学习特点和认知规律，精选内容，分散难点，降低学习难度。
- 例题丰富，深入浅出地讲解和分析复杂的概念和理论，力求做到概念清晰、通俗易懂。
- 采用大量的插图和实例，将复杂的理论知识讲解得生动、易懂。
- 为考生精心设计学习方案，设置各种特色栏目引导和帮助考生学习。

3. 衔接考试

在深入分析和研究往年真题的基础上，我们结合历次考试的命题规律来选择内容、安排章节，坚持"多考多讲、少考少讲、不考不讲"的原则。在讲解各章的内容之前，详细介绍各章的重点和难点，从而帮助考生合理安排学习计划，做到有的放矢。

三、如何学习本教程

本教程前 9 章都安排了章前导读、本章评估、学习点拨、本章学习流程图、知识点详解、课后总复习等固定板块，第 10 章为扩展知识，考生可以根据自身情况选择学习。下面就详细介绍这些板块的具体功能。

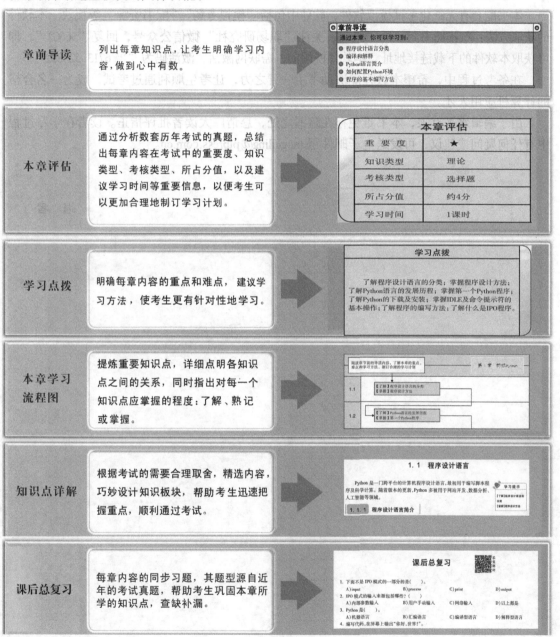

此外，本教程还特别设计了两个特别栏目，分别为"学习提示"和"请注意"。
（1）"学习提示"栏目。
该栏目是从对应模块提炼的重点内容，读者可以通过它明确本部分内容的学习重点和应该掌握的程度。

（2）"请注意"栏目。

该栏目主要用于提示考生在学习过程中容易忽视的问题，以引起考生的重视。

四、本书配套资源获取方法

本书配套有无纸化考试模拟软件，软件中包括"模拟考场""配书资源"等板块。本软件的获取方法：扫描图书封底的二维码，关注"职场研究社"微信公众号，回复"56602"，即可获取本软件的下载链接地址。本软件使用前，需联网激活，激活码为"PY671305248521"。

在备考过程中，希望本教程能够助考生一臂之力，让考生顺利通过考试，成为一名合格的计算机应用人才。

由于编辑水平有限，本书难免存在疏漏之处，恳请广大读者批评指正。读者在学习过程中有任何疑问或建议，可发送电子邮件至 muguiling@ptpress.com.cn。

编　者

目 录

第1章 初识 Python ········· 1
1.1 程序设计语言 ········· 3
1.1.1 程序设计语言简介 ········· 3
1.1.2 程序设计语言的分类 ········· 3
1.1.3 程序设计方法 ········· 4
1.2 Python 语言简介 ········· 5
1.2.1 Python 语言的发展历程 ········· 5
1.2.2 第一个 Python 程序 ········· 6
1.3 配置 Python 环境 ········· 6
1.3.1 Python 的下载及安装 ········· 6
1.3.2 检验 Python 语言解释器是否安装成功 ········· 8
1.3.3 IDLE 及命令提示符的基本操作 ········· 8
1.4 IPO 程序编写方法 ········· 10
1.5 上机实践——Python 小程序 ········· 10
课后总复习 ········· 11

第2章 Python 语言的基本语法 ········· 12
2.1 Python 程序的格式框架 ········· 14
2.1.1 语句块的缩进 ········· 14
2.1.2 注释及文档字符串 ········· 15
2.2 Python 语法元素 ········· 16
2.2.1 Python 的变量 ········· 16
2.2.2 变量的命名规则 ········· 17
2.2.3 保留字 ········· 17
2.3 程序语句 ········· 18
2.3.1 表达式 ········· 19
2.3.2 赋值语句 ········· 19
2.3.3 导入函数库 ········· 20
2.4 基本的输入、转换和输出 ········· 21
2.4.1 input( )函数 ········· 21
2.4.2 eval( )函数 ········· 22
2.4.3 print( )函数 ········· 23
2.5 Python 的标准编码规范 ········· 25
2.6 上机实践——Python 小游戏 ········· 27

课后总复习 ········· 28

第3章 Python 语言的基本数据类型 ········· 29
3.1 数据类型简介 ········· 31
3.2 数字类型 ········· 31
3.2.1 整数类型 ········· 31
3.2.2 浮点数类型 ········· 32
3.2.3 复数类型 ········· 33
3.3 数字类型的运算 ········· 34
3.3.1 数字类型运算符 ········· 34
3.3.2 数字类型的运算函数 ········· 37
3.4 字符串类型 ········· 39
3.4.1 字符串类型简介 ········· 39
3.4.2 字符串的索引 ········· 40
3.3.3 字符串的切片 ········· 41
3.5 字符串的格式化 ········· 41
3.5.1 format( )方法的使用 ········· 41
3.5.2 format( )方法的格式控制 ········· 42
3.6 字符串的操作 ········· 45
3.6.1 字符串操作符 ········· 45
3.6.2 字符串处理方法 ········· 46
3.7 类型判断及转换 ········· 49
3.7.1 数据类型判断函数 ········· 49
3.7.2 数据类型转换函数 ········· 50
3.8 上机实践——数学公式计算 ········· 51
课后总复习 ········· 53

第4章 Python 语言的3种控制结构 ········· 54
4.1 控制结构 ········· 56
4.1.1 程序流程图 ········· 56
4.1.2 控制结构分类 ········· 56
4.2 顺序结构 ········· 56
4.3 分支结构 ········· 57
4.3.1 单分支结构 ········· 57
4.3.2 双分支结构 ········· 58
4.3.3 多分支结构 ········· 60
4.4 循环结构 ········· 62

4.4.1 遍历循环 …………………… 62
4.4.2 无限循环 …………………… 64
4.4.3 循环控制 …………………… 65
4.5 特殊的异常处理结构 …………… 68
4.5.1 try – except …………………… 68
4.5.2 try – except – else …………… 69
4.5.3 try – except – else – finally …… 69
4.6 上机实践——登录程序 ………… 70
课后总复习 ……………………………… 71

第5章 组合数据类型 …………………… 73
5.1 列表 ……………………………… 75
5.1.1 列表的基本概念 …………… 75
5.1.2 列表的索引 ………………… 75
5.1.3 列表的切片 ………………… 75
5.1.4 列表的操作函数 …………… 76
5.1.5 列表的操作方法 …………… 77
5.1.6 列表的操作符 ……………… 81
5.2 元组 ……………………………… 83
5.2.1 元组的基本概念 …………… 83
5.2.2 元组的特殊操作 …………… 83
5.2.3 元组的操作函数 …………… 84
5.3 字典 ……………………………… 86
5.3.1 字典的基本概念 …………… 86
5.3.2 字典值的获取 ……………… 86
5.3.3 字典的操作函数 …………… 87
5.3.4 字典的操作方法 …………… 88
5.4 集合 ……………………………… 91
5.4.1 集合的基本概念 …………… 91
5.4.2 集合的运算 ………………… 92
5.4.3 集合的基本操作 …………… 92
5.5 上机实践——词汇数量统计 …… 94
课后总复习 ……………………………… 96

第6章 文件 …………………………… 97
6.1 文件的基本概念 ………………… 99
6.1.1 文件类型 …………………… 99
6.1.2 文件的打开和关闭 ………… 99
6.1.3 文件读取 …………………… 101
6.1.4 文件写入 …………………… 103
6.2 文件操作方法 …………………… 105
6.3 数据维度 ………………………… 105
6.3.1 一维数据 …………………… 105
6.3.2 二维数据 …………………… 106

6.3.3 高维数据 …………………… 107
6.4 处理文件的异常 ………………… 109
6.5 上机实践——统计《狂人日记》
的字符频次 …………………… 109
课后总复习 ……………………………… 112

第7章 函数 …………………………… 113
7.1 函数的定义及使用 ……………… 115
7.2 函数参数 ………………………… 116
7.2.1 位置传参 …………………… 116
7.2.2 默认参数 …………………… 116
7.2.3 关键字传参 ………………… 117
7.2.4 可变参数 …………………… 118
7.2.5 序列解包 …………………… 118
7.2.6 函数的返回值 ……………… 120
7.3 变量的作用域 …………………… 122
7.3.1 全局变量 …………………… 122
7.3.2 局部变量 …………………… 122
7.3.3 global 保留字 ……………… 123
7.4 匿名函数 ………………………… 124
7.5 常用的 Python 内置函数 ………… 125
7.6 上机实践——模拟计算器 ……… 128
课后总复习 ……………………………… 130

第8章 Python 标准库 ………………… 131
8.1 turtle 库 …………………………… 133
8.1.1 turtle 库简介 ………………… 133
8.1.2 窗体函数 …………………… 133
8.1.3 画笔运动函数 ……………… 134
8.1.4 画笔状态函数 ……………… 136
8.2 random 库 ………………………… 138
8.2.1 random 库简介 ……………… 138
8.2.2 random 库常用函数 ………… 139
8.3 time 库 …………………………… 141
8.3.1 time 库简介 ………………… 141
8.3.2 time 库常用函数 …………… 142
8.3.3 strftime()函数的格式化
控制符 …………………… 143
8.4 上机实践——文本进度条刷新 …… 143
课后总复习 ……………………………… 145

第9章 Python 第三方库 ……………… 146
9.1 第三方库的安装 ………………… 148
9.2 PyInstaller 库 …………………… 151
9.2.1 PyInstaller 库简介 ………… 151

目 录

9.2.2 PyInstaller 库常用参数 ……… 152
9.3 jieba 库 …………………………… 152
9.4 wordcloud 库 ……………………… 154
   9.4.1 wordcloud 库的使用 ………… 154
   9.4.2 WordCloud 类常用参数 …… 154
9.5 第三方库分类 ……………………… 156
9.6 上机实践——《狗·猫·鼠》
     数据分析 ………………………… 157
课后总复习 …………………………… 159

第 10 章　面向对象 ……………… 160
10.1 面向对象的概念 ………………… 162
   10.1.1 面向对象与面向过程的
        区别 ………………………… 162
   10.1.2 面向对象的特征 ………… 162
10.2 类和实例 ………………………… 163

10.2.1 类的创建 ………………… 163
10.2.2 类的实例 ………………… 163
10.2.3 类的属性及方法 ………… 164
10.3 类的继承 ………………………… 168
   10.3.1 继承的使用 ……………… 168
   10.3.2 方法重写 ………………… 170
   10.3.3 运算符重载 ……………… 172
10.4 上机实践——面向对象
      实例解析 ………………………… 172

附录 ……………………………… 175
附录 A　考试大纲专家解读 ………… 175
附录 B　考试环境及简介 …………… 178
附录 C　考试流程演示 ……………… 179
附录 D　Python 保留字表 …………… 181
附录 E　Python 例卷及答案 ………… 182

第1章
初识Python

章前导读

通过本章,你可以学习到:
- 程序设计语言的分类
- 编译和解释
- Python语言简介
- 如何配置Python环境
- 程序的基本编写方法

本章评估	
重要度	★
知识类型	理论
考核类型	选择题
所占分值	约4分
学习时间	1课时

学习点拨

了解程序设计语言的分类;掌握程序设计方法;了解Python语言的发展历程;掌握第一个Python程序;了解Python的下载及安装;掌握IDLE及命令提示符的基本操作;了解程序的编写方法;了解什么是IPO程序。

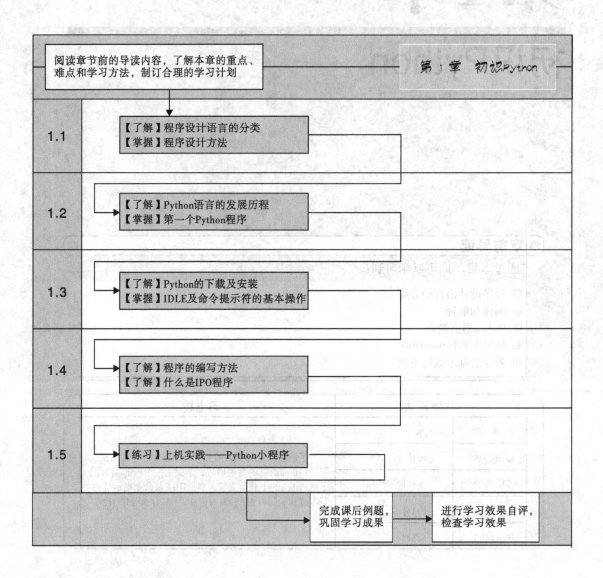

1.1　程序设计语言

Python 是一门跨平台的计算机程序设计语言,最初用于编写脚本程序及科学计算。随着版本的更新,Python 多被用于网站开发、数据分析、人工智能等领域。

1.1.1　程序设计语言简介

简单地说,程序设计语言就是一门语言,它类似于汉语、英语。只不过汉语、英语是人与人之间沟通的桥梁,而程序设计语言是人与机器之间沟通的桥梁。它是用于编写计算机程序的语言。

程序设计是用计算机解决一个实际应用问题时的整个处理过程,包括提出问题、确定数据结构、确定算法、编写程序、调试程序及编写使用说明文档等一系列步骤。

(1)提出问题:提出需要解决的问题,形成一个需求任务书。

(2)确定数据结构:根据需求任务书提出的需求,指定输入数据和输出结果,确定存放输入数据和输出结果的数据结构。

(3)确定算法:针对存放数据的数据结构确定解决问题、实现目标的算法。

(4)编写程序:根据指定的数据结构和算法,使用某种计算机语言编写程序代码,将其输入计算机并保存,这个步骤简称编程。

(5)调试程序:消除由于疏忽而引起的语法错误、单词错误或逻辑错误;用各种可能的输入数据进行测试,使程序对各种合理的数据都能得到正确的结果,对一些不合理的数据都能进行适当的处理。

(6)编写使用说明文档:整理并编写使用说明文档。

1.1.2　程序设计语言的分类

程序设计语言从诞生至今经历了 3 个阶段,机器语言阶段、汇编语言阶段和高级语言阶段,并且这 3 个阶段的语言都还在使用中。

机器语言是由 0 和 1 组成的、机器能直接识别的二进制程序语言或指令代码,不需要经过翻译,能直接操作计算机硬件。它的执行速度极快。

汇编语言是用于微处理器、微控制器或其他编程器件的低级语言,也称为符号语言。在汇编语言中,用字母、单词(如英文的缩写等)来代替特定的机器语言指令。它的执行速度较快。

高级语言不依赖计算机的硬件系统及指令系统,更贴近自然语言。因此,高级语言易理解、易编写,但它的执行速度相对较慢。目前,广泛使用的高级语言有 Python 语言、C 语言、Java 语言和 C++语言等。根据计算机执行机制的不同,高级语言可以分为静态语言和脚本语言两类。静态语言,如 C 语言、Java 语言等,使用编译方式执行;脚本语言,如 Python 语言、PHP 语言等,使用解释方式执行。

编译是将源代码转换成目标代码的过程。一般来说,源代码是高级语言代码,目标代码是机器语言代码。程序的编译和执行过程如图1.1所示。

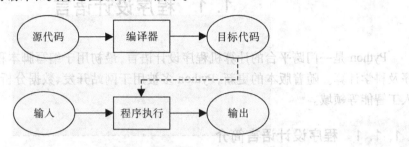

图1.1　程序的编译和执行过程

解释是将源代码逐条转换成目标代码并同时逐条运行目标代码的过程。程序的解释和执行过程如图1.2所示,其中将源代码和数据同时输入解释器,最后输出运行结果。

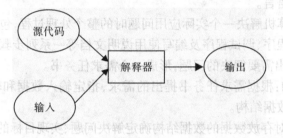

图1.2　程序的解释和执行过程

编译与解释的区别在于编译是对程序整体进行编译,编译完成,再一次性执行,一旦编译完成,就不再需要源代码和编译器;解释则是解释一句,执行一句,每一次执行程序都需要源代码和解释器。

Python是以解释方式执行的语言,属于脚本语言。但是Python的解释器也保留了编译器的部分功能,随着程序执行,解释器最终也会生成完整的目标代码。应用这种将编译器和解释器结合起来的新解释器的目的是提高计算的性能。

1.1.3　程序设计方法

自顶向下设计是一个解决问题的有效方法,其基本思想就是将一个问题细分为多个小问题,就像一个树状图,将一个核心问题,逐步分解为多个小问题。初始问题过于复杂、不容易解决,但是将它细分为多个小问题,解决每个小问题就容易得多。最后只要将所有解决小问题的方法组合起来,就可以解决初始问题。

自底向上执行是一个测试答案的有效方法,其基本思想和自顶向下设计的基本相同,其核心都是将问题细分。测试程序最好的方法就是将程序细分为多个小模块,逐个测试、逐个执行,最后运行完整个程序,这样在出现问题的时候,编写人员能快速确认问题出现的范围。

在编写程序的过程中使用这两种方法,更容易让编写人员理解程序、维护程序。这在程序设计中体现的是一种模块化分布设计的思想。

真题演练

【例1】以下关于语言类型的描述正确的是(　　)。
A)静态语言采用解释方式执行,脚本语言采用编译方式执行
B)C语言是静态语言,Python语言是脚本语言
C)编译是将目标代码转换成源代码的过程
D)解释是将源代码一次性转换成目标代码同时逐条运行目标代码的过程
【答案】B
【解析】高级语言根据计算机执行机制的不同可分为两类:静态语言和脚本语言。静态语言采用编译方式执行,脚本语言采用解释方式执行。例如,C语言是静态语言,Python是脚本语言。编译是将源代码转换成目标代码的过程。解释是将源代码逐条转换成目标代码同时逐条运行目标代码的过程。故B选项的描述正确。

【例2】以下关于程序设计语言的描述,错误的选项是(　　)。
A)Python解释器把Python代码一次性翻译成目标代码,然后执行
B)机器语言直接用二进制代码来表达指令
C)Python是一种通用编程语言
D)汇编语言是用于编程器件的低级语言
【答案】A
【解析】Python语言属于脚本语言,脚本语言采用解释方式执行。解释是将源代码逐条转换成目标代码的同时逐条运行目标代码的过程,不是一次性翻译的。故A选项的描述错误。

1.2　Python语言简介

1.2.1　Python语言的发展历程

> **学习提示**
> 【了解】Python语言的发展历程
> 【掌握】第一个Python程序

Python语言的创始人是吉多·范罗苏姆(Guido van Rossum)。在1989年圣诞期间,吉多为了打发圣诞假期,决定开发一个新的脚本解释程序,于是Python语言诞生了。之所以选中"Python"(中文意思是蟒蛇)作为该编程语言的名字,是因为吉多喜爱喜剧《蒙提·派森的飞行马戏团》(*Monty Python's Flying Circus*)。

1991年,Python语言的第一个解释器诞生了。它是由C语言实现的,其中有很多语法来自C语言,又受到了很多ABC语言的影响,也有很多来自ABC语言的语法。

2000年10月16日,Python 2.0发布,这个版本主要增加了内存管理、循环检测垃圾收集器,以及对Unicode编码的支持。它们构成了Python语言框架的基础。从此之后,Python语言走向了广泛应用的时代。

2008年12月3日,Python 3.0发布,由于Python 3.0向后不兼容,因此从2.0版本到3.0版本的过渡并不容易。数以万计的函数库从2.0版本更新到3.0版本花费了大量的时间。如今绝大多数的函数库都已更新完成。

自1991年Python语言发布以来,秉承开源、免费的思想,经过几十年的持续发展,它已经成为广受称赞的编程语言。

1.2.2 第一个Python程序

学习编程语言都有一个约定俗成的习惯,学习者的第一个程序一般都是输出"Hello World"的程序。

先看看其他语言怎么输出"Hello World"。

C语言的"Hello World"程序代码

```c
#include <stdio.h>
int main(){
    printf("Hello World");
    return 0;
}
```

Java语言的"Hello World"程序代码

```java
public class HelloWorld {
    public static void main(String[] args) {
        System.out.println("Hello World");
    }
}
```

C++语言的"Hello World"程序代码

```cpp
#include <iostream>
using namespace std;
int main()
{
    cout << "Hello world";
    return 0;
}
```

相比以上程序代码,Python语言的程序代码更加简洁,只需一条语句。

Python语言的"Hello World"程序代码

```python
print("Hello World")
```

这也是Python语言的一个特性——语法简洁。实现相同的程序功能,Python语言的代码行数相比于其他程序设计语言的少得多。更少的代码行数、更简单的表达方式可以减少程序的错误,提高程序的可读性。

1.3 配置Python环境

1.3.1 Python的下载及安装

在学习 Python 之前,需要先学会如何安装 Python 语言解释器。Python语言解释器是运行 Python 程序的关键,可以通过 Python 官网下载 Python 语言解释器的安装程序。Python 官网页面如图1.3所示。

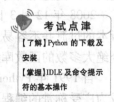

考试点津
【了解】Python 的下载及安装
【掌握】IDLE 及命令提示符的基本操作

图1.3 Python 官网页面

在此网站中,建议读者选择适合自己计算机操作系统且版本在3.5.3以上的Python语言解释器安装程序来下载。

这里以Windows操作系统为例,介绍安装Python语言解释器的方法(本书内容也是基于Windows操作系统进行介绍的)。Python语言解释器的安装程序将启动一个安装引导界面,如图1.4所示。在此界面中勾选"Add Python 3.7 to PATH"(根据Python语言解释器版本的不同,文中数字也会有所不同)复选框,单击"Install Now"开始安装。

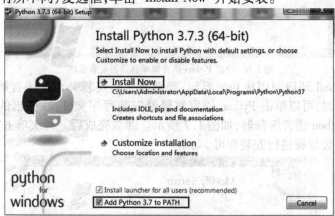

图1.4 安装引导界面

安装成功后,将显示图1.5所示的安装成功界面。

图1.5 安装成功界面

Python语言解释器中包含两个重要工具:Python集成开发环境和pip。

(1) Python集成开发环境(Integrated Development Environment,IDLE):用于编写和调试

Python 代码。

（2）pip：Python 第三方库安装工具，用于在当前计算机上安装 Python 第三方库。

> 提示
> 如果 Windows 操作系统版本过低，如 Windows 7 及更早的版本，可以选择安装 Python 3.4.2。

1.3.2 检验 Python 语言解释器是否安装成功

在安装完 Python 语言解释器之后，需要检验 Python 语言解释器是否安装成功。方法：在"开始"菜单的搜索文本框中输入"cmd"，直接按 <Enter> 键，打开命令提示符界面；输入"python"，然后按 <Enter> 键。观察是否调用了 Python 的 Shell 环境，若出现图 1.6 所示的界面，则表示 Shell 环境调用成功，即 Python 语言解释器安装成功。

图 1.6　检验 Python 语言解释器是否安装成功

如果未出现 Shell 环境调用成功的界面，则需要重新安装 Python 语言解释器。重新安装 Python 语言解释器时，可以单击 Python 语言解释器安装程序文件，在弹出的功能界面中单击"Uninstall"卸载 Python 语言解释器，如图 1.7 所示。卸载完成后。再次单击安装程序文件，按照 1.3.1 节中的安装步骤进行安装即可。

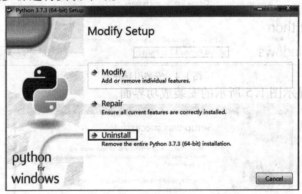

图 1.7　卸载界面

1.3.3 IDLE 及命令提示符的基本操作

Python 的代码编辑器有很多，这里推荐大家使用 Python 语言解释器中自带的 IDLE 来进行程序的编写。全国计算机等级考试二级 Python 语言程序设计科目也是基于 IDLE 进行考核的。

在"开始"菜单中搜索"IDLE"或者"Python"，找到 IDLE 的快捷方式，启动后会显示一个交互式的 Python 运行环境，如图 1.8 所示。

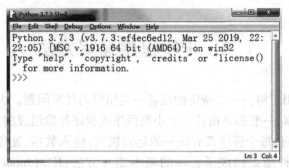

图1.8　通过 IDLE 启动交互式的 Python 运行环境

在此窗口中可以输入一些简单的 Python 代码,然后按<Enter>键即可运行。例如,在窗口中输入"print('Hello World')",然后按<Enter>键运行,将输出"Hello World",如图1.9所示。

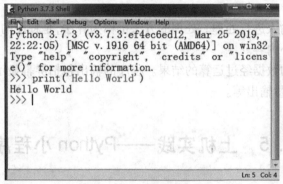

图1.9　输出"Hello World"

IDLE 的常用快捷键如表1.1所示,在编写程序的过程中,应用这些快捷键可以减少一些复杂的操作。

表1.1　IDLE 的常用快捷键

快捷键	功能
Ctrl + N	在 IDLE 交互窗口下启动编辑器
Ctrl + [	减少缩进代码
Ctrl +]	增加缩进代码
Alt + 3	注释代码行
Alt + 4	取消注释代码行
Alt + /	单词完成,只要单词在代码中出现过,就可以帮你自动补齐
Alt + Q	在 IDLE 编辑器内对 Python 代码进行格式化布局
F5	在 IDLE 编辑器内运行 Python 程序

也可以新建 Python 程序,方法如下。在"File"菜单中,选择"New File"命令,即可打开一个新窗口。在此窗口中输入程序代码,然后选择"File"菜单中的"Save"或"Save As"命令,将编写的代码保存。此时也可以通过选择"Run"菜单中的"Run Module F5"命令来运行程序。

利用命令提示符的 Shell 环境与 IDLE 交互式环境类似,其调用方法参见1.3.2节。在 Shell 环境中可以输入一些简单的代码进行测试运行。如果要退出 Shell 环境,输入"quit()"命令或"exit()"命令,然后按<Enter>键即可。

 请注意　　Python 文件名以".py"为扩展名。

1.4 IPO 程序编写方法

学习提示
【了解】程序的编写方法
【了解】什么是 IPO 程序

计算机程序常常用于解决一个特定的或者一类相似的计算问题。大型程序的功能更加丰富，一般都是由若干个小型程序或程序片段组成的。但是无论程序规模如何，每个程序都有统一的运算模式：输入数据、处理数据和输出数据。这种模式构成了程序的基本编写方法：IPO（Input，Process，Output）方法。

输入是程序的开始。程序的输入包括文件输入、网络输入、用户手动输入、随机数据输入、程序内部参数输入等。

处理是指程序对输入进行处理。处理的方法也称为算法，是程序的重要部分。通常来说，算法是一个程序的核心内容。

输出是程序展示的数据经过运算的结果。程序的输出包括屏幕显示输出、文件输出、网络输出、操作系统内部变量输出等。

1.5 上机实践——Python 小程序

为了让读者熟悉使用 IDLE 编写 Python 程序的过程，以及 IDLE 相关快捷键的使用方法，下面将给出两个 Python 小程序，供读者进行上机实践。

1. 用 turtle 绘制爱心

```
from turtle import *
def curvemove():
    for i in range(200):
        right(1)
        forward(1)
setup(600,600,400,400)
hideturtle()
pencolor('black')
fillcolor("red")
pensize(2)
begin_fill()
left(140)
fd(111.65)
curvemove()
left(120)
curvemove()
fd(111.65)
end_fill()
```

```
penup()
goto(-27, 85)
pendown()
done()
```

程序运行结果如图1.10所示。

图1.10　用turtle绘制爱心

2. 判断是否为闰年

```
while True:
    year = input("请输入年份(输入y退出):")
    if year == "y" or year == "Y":
        print("退出成功!")
        break
    elif (int(year)%400==0) or (int(year)%4==0 and int(year)%100!=0):
        print("{}年是闰年".format(year))
    else:
        print("{}年是平年".format(year))
```

程序运行结果如图1.11所示。

图1.11　判断是否为闰年

读者在仿照编写程序的同时,要注意代码中含有的固定格式缩进。在本书后面的内容中会详细介绍代码的编写格式。

课后总复习

1. 下面不是IPO模式的一部分的是(　　)。
   A) input　　　　　　B) process　　　　　　C) print　　　　　　D) output
2. IPO模式的输入来源包括哪些?(　　)
   A) 内部参数输入　　B) 用户手动输入　　C) 网络输入　　D) 以上都是
3. Python是(　　)。
   A) 机器语言　　　　B) 汇编语言　　　　C) 编译型语言　　　D) 解释型语言
4. 编写代码,在屏幕上输出"你好,世界!"。

第2章

Python语言的基本语法

章前导读

通过本章,你可以学习到:

- Python程序的基本语法元素
- 基本输入、转换和输出函数
- 源程序的书写风格
- Python语言的特点

本章评估		学习点拨
重要度	★★	掌握Python程序的格式框架;掌握Python的变量及保留字;掌握表达式和赋值语句的使用;了解导入函数库;了解基本的输入和输出函数;掌握eval( )函数;了解Python的标准编码规范。
知识类型	理论	
考核类型	选择题	
所占分值	约10分	
学习时间	4课时	

本章学习流程图

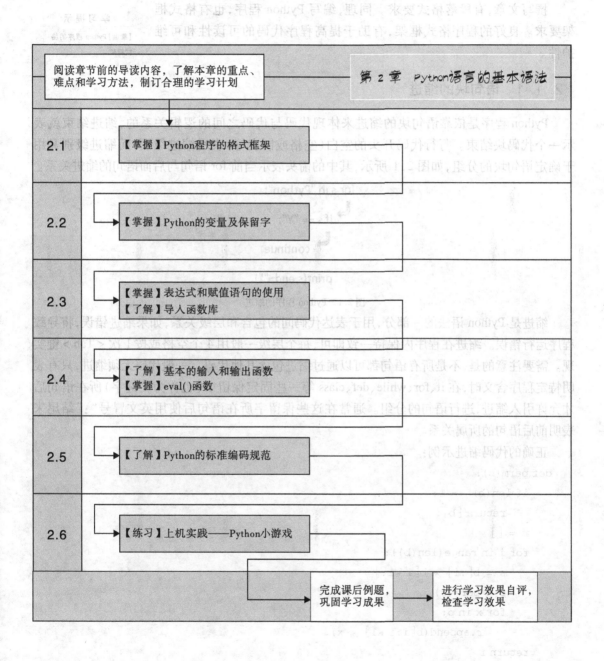

2.1 Python 程序的格式框架

撰写文章,有段落格式要求。同理,编写 Python 程序,也有格式框架要求。良好的程序格式框架,有助于提高程序代码的可读性和可维护性。

学习提示

【掌握】Python 程序的格式框架

2.1.1 语句块的缩进

Python 程序是依靠语句块的缩进来体现代码与代码之间的逻辑关系的,缩进结束就表示一个代码块结束。每行代码开头的空白(空格或制表符)表示缩进级别,而缩进级别又用于确定语句块的分组,如图 2.1 所示,其中的箭头表示当前 for 语句与后面语句的缩进关系。

图 2.1 Python 程序的缩进

缩进是 Python 语法的一部分,用于表达代码间的包含和层级关系,如果缩进错误,将导致程序运行错误。缩进在程序内保持一致即可,每个层级一般用 4 个空格或按 1 次 <Tab> 键实现。需要注意的是,不是所有语句都可以通过缩进包含其他代码。一般代码无须缩进,只有表明特定程序含义时,在 if、for、while、def、class 等一些固定保留字(也称为关键字)所在语句后才允许引入缩进,进行语句的分组。通常在这些保留字所在语句后使用英文冒号":"结尾来表明前后语句的所属关系。

正确的代码缩进示例:

```
def perm(b):
    if len(b) <= 1:
        return [b]
    r = []
    for i in range(len(b)):
        s = b[:i] + b[i+1:]
        p = perm(s)
        for x in p:
            r.append(b[i:i+1] + x)
    return r
```

错误的代码缩进示例:

```
def perm(b):
for i in range(len(b)):
```

```
    s = b[:i] + b[i+1:]
    p = perm(b[:i] + b[i+1:])
    for x in p:
        r.append(b[i:i+1] + x)
return r
```

2.1.2 注释及文档字符串

注释是代码中不被计算机执行的辅助性说明文字,因其会被编译器或解释器略去,所以一般用于在代码中标明编写者及版权信息、解释代码原理和用途或辅助程序调试等。

在 Python 语言中,注释可以在一行中的任意位置通过"#"开始,其后面的本行内容被当作注释,而之前的内容仍然属于 Python 程序,要被执行。

```
>>> x = 123 #此处为注释
>>> x
123
```

多行注释有两种方式,一种方式是需要在每行注释内容的开头使用"#";另一种方式是三引号注释,在特殊的程序位置上,该方式也称为文档字符串。文档字符串是一个解释程序的重要工具,有助于读者理解程序。简而言之,它可以实现"帮助文档"的功能,可以提供函数的基本信息、函数的功能简介以及形式参数的类型和使用方式等信息。当然,这些信息都是由编写者填写、创建的,函数不会自动提供。

文档字符串是一个多行字符串,通过在函数体的第一行使用一对三个单引号(''')或者一对三个双引号(""")来定义。首行用于介绍模块的大致功能,第二行为空行,从第三行开始是此模块的详细介绍。可以使用"__doc__"(注意是双下划线)方法查看文档字符串。下列程序用于演示调用"outputMin()"函数中的文档字符串属性。

```
#程序示例:
def outputMin(x,y):
    ''' 输出两个数中的最小值。
    两个参数值必须都是整数。'''
    x = int(x)
    y = int(y)
    if x < y:
        print(x,'最小')
    else:
        print(y,'最小')
outputMin(3,5)
print (outputMin.__doc__)
#运行程序
3 最小
输出两个数中的最小值。
两个参数值必须都是整数。
```

注释和文档字符串都可以起到注释说明的作用,并且不影响Python程序的运行。但注释不能被程序调用,文档字符串可以被程序调用。

真题演练

【例1】以下关于Python缩进的描述中,错误的是(　　)。
A)缩进表达了所属关系和代码块的所属范围
B)缩进是可以嵌套的,从而形成多层缩进
C)判断、循环、函数等都能够通过缩进包含一批代码
D)Python用严格的缩进表示程序的格式框架,所有代码都需要在行前至少加一个空格
【答案】D
【解析】缩进:在逻辑行首的空白(空格和制表符)用于决定逻辑行的缩进层次,从而决定语句的分组。这意味着同一层次的语句必须有相同的缩进,不是同一层次的语句不需要相同的缩进。所以不是所有代码行前都要加空格。故D选项的描述错误。

【例2】Python语言中用来表示代码块所属关系的语法是(　　)。
A)花括号　　　　B)括号　　　　C)缩进　　　　D)冒号
【答案】C
【解析】在Python语言中,缩进指每行语句开始前的空白区域,用来表示Python程序间的包含和层次关系。

2.2　Python语法元素

Python语言使用了大量其他编程语言中常用的标点符号和英文单词,并且与自然语言相似,其基本结构都是合词成句结构。其中保留字是Python内部定义的,占所使用单词的较少部分,大部分单词由用户自己定义。在Python中,可以通过命名产生变量或函数,用来表示相关数据或代码。

【掌握】Python的变量及保留字

2.2.1　Python的变量

程序中用来保存和表示数据的语法元素称为变量,它是一种常见的占位符号。变量采用标识符表示,由数字、汉字、下划线、大小写字母等字符组合而成,如TempStr、Python_big、Python3学习方法等。

变量可以通过赋值符号("="为赋值符号,还有一些特殊的赋值符号,如"+=")进行赋值或修改。

例如

```
>>>Text_s="123"        #将"123"赋值给变量Text_s
>>>Text_s="456"        #将"456"赋值给变量Text_s
>>>Text_s=1000         #将1000赋值给变量Text_s
```

2.2.2 变量的命名规则

与其他程序设计语言不同的是,在 Python 中使用变量时,不需要事先声明变量名及其类型,直接赋值即可创建各种数据类型的变量。但是在对变量进行命名时需要注意以下几点。

(1)不能使用保留字作为变量名,如 if、for、while 均为保留字。

```
>>> if =100
SyntaxError: invalid syntax
```

(2)变量名的首字符不能是数字,如 123python 是不合法的。

```
>>> 123python =100
SyntaxError: invalid syntax
```

(3)变量名对英文字母的大小写敏感,如 Student 和 student 是不同变量。

```
>>> Student =100
>>> student
Traceback (most recent call last):
  File "<pyshell#3>", line 1, in <module>
    student
NameError: name 'student' is not defined
```

(4)变量名中除了下划线"_"以外,不能有其他任何特殊字符。

```
>>> o ? w =100
SyntaxError: invalid syntax
>>> o_w =100
>>> o_w
100
```

> **提示**
> 变量可以使用中文字符命名,但出于兼容性方面的考虑,一般不建议采用中文字符对变量进行命名。

2.2.3 保留字

每种程序设计语言都有一套保留字,是由设计者或维护者预先创建并保留使用的标识符。保留字一般用于构成程序的整体框架、表达关键值和具有结构性的复杂语义等。

Python 3.x 的保留字共 35 个,如表 2.1 所示。

表 2.1 Python 3.x 的 35 个保留字

and	as	assert	break	class	continue	def
del	elif	else	except	False	finally	for
from	global	if	import	in	is	lambda
None	nonlocal	not	or	pass	raise	return
True	try	while	with	yield	async	await

二级 Python 语言程序设计考试范围涉及的保留字共 27 个，如表 2.2 所示。

表 2.2　二级 Python 语言程序设计考试范围涉及的 27 个保留字

False	True	and	as	break	continue
def	del	elif	else	except	for
from	global	if	import	in	not
or	return	try	while	None	finally
lambda	pass	with			

提示

(1) 编写程序时不能命名与保留字相同的标识符。
(2) 保留字的拼写必须与表 2.1 所示的完全一致。
(3) Python 对保留字大小写敏感。例如，True 是保留字，但 true 不是保留字，可以被当作变量使用。

例如

```
>>>true=100
>>>true
100
```

真题演练

【例 1】以下不属于 Python 语言保留字的是(　　)。
A) class　　　　B) pass　　　　C) sub　　　　D) def
【答案】C
【解析】保留字，也称关键字，是指被编程语言内部定义并保留使用的标识符。Python 3.x 中有 35 个保留字，分别为：and、as、assert、async、await、break、class、continue、def、del、elif、else、except、False、finally、for、from、global、if、import、in、is、lambda、None、nonlocal、not、or、pass、raise、return、True、try、while、with、yield。sub 不在其中，所以本题选择 C 选项。

【例 2】在 Python 语言中，不能作为变量名的是(　　)。
A) student　　　B) _bmg　　　　C) 5sp　　　　D) Teacher
【答案】C
【解析】在 Python 中，变量名的命名规则：以字母或下划线开头，后面跟字母、下划线和数字；不能以数字开头。本题选择 C 选项。

2.3　程序语句

Python 语言与其他程序语言相似，都按照特定的语句顺序实现特定的功能。将 Python 语言定义或者用户定义的各种"单词"组合在一起就构成了 Python 的程序语句。

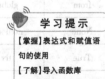

学习提示

【掌握】表达式和赋值语句的使用
【了解】导入函数库

2.3.1 表达式

表达式由数据和运算符组成。这与数学中的计算公式类似,它能够表达单一功能并产生运算结果,运算结果的类型由运算符决定。

例如

```
>>> 2 / 4                #两个整数做除法
0.5
>>> 'abcd' + '1234'      #连接两个字符串
'abcd1234'
>>> a = 1                #赋值a等于1
>>> print(a)             #输出a
1
```

2.3.2 赋值语句

赋给某变量一个具体值的语句称为赋值语句。在 Python 语言中,由"="来表示"赋值",即把等号右侧表达式的值计算出来,然后给等号左侧变量赋予新的值。赋值语句右侧的数据类型同时作用于左侧的变量,即赋予变量新的数据类型。赋值语句的基本语法格式如下:

<变量> = <表达式>

```
>>> TempStr = input("请输入一个整数:")  #此行为赋值语句
请输入一个整数:2
>>> print(TempStr)
2
```

还有一种元组赋值语句,它可以同时给多个变量赋值,即同时计算等号右侧所有表达式值,并一次性给等号左侧对应变量赋值。其基本语法格式如下:

<变量1>,…,<变量N> = <表达式1>,…,<表达式N>

说明:表达式1的值赋给变量1,…,表达式N的值赋给变量N。

例如

```
>>> n = 1
>>> x, y, z = n + 1, n + 2, n + 3
>>> x
2
>>> y
3
>>> z
4
```

上述赋值方式也可转化为带有括号的赋值,原理是相同的。

```
>>> n = 1
>>> (x, y, z) = (n + 1, n + 2, n + 3)
>>> x
2
>>> y
3
```

```
>>> z
4
```

> **提示**
> 赋值语句将左侧的变量和右侧的表达式关联起来,即将变量与表达式一一对应。

此外,多目标赋值语句可以将等号右侧的表达式的值同时赋值给等号左侧的多个变量,即一个数据由多个变量共享。其基本语法格式如下:

＜变量1＞ = ＜变量2＞ = … = ＜变量N＞ = ＜表达式＞

说明:表达式的值分别赋给变量1,变量2,…,变量N。

例如

```
>>> n = 1
>>> x = y = z = n + 1
>>> x
2
>>> y
2
>>> z
2
```

请思考 赋值语句能否实现数据的互换?

如果 x = 1、y = 2,要求将 x、y 的值互换,即 x = 2、y = 1。在一些其他高级语言中,需要引入另外一个变量 z 作为中间变量,通过 z 才可以实现数值互换,如下所述:

```
x = 1
y = 2
z = x
x = y
y = z
```

在 Python 语言中,可以利用元组赋值语句实现,无须中间变量 z,如下所述:

```
>>> x = 1
>>> y = 2
>>> x, y = y, x
>>> x
2
>>> y
1
```

2.3.3 导入函数库

在 1.5 节中,读者在 IDLE 下编写了一个用 turtle 绘制的爱心程序,此程序开头的包含语句"from turtle import *"的作用是导入 turtle 库中的函数。在 Python 中,具有相关功能模块(包)的集合称为库。例如,numpy 库用于解决向量数值计算相关问题。Python 语言的特点之一是具有强大的标准库、第三方库以及自定义模块。Python 程序中经常会用到各种各样的功能函数,这需要提前导入包含这些函数的库。只有导入了函数库,才可以引用该函数库中的任何公共的函数。Python 语言使用 import 保留字导入函数库,导入的方式有如下 3 种。

第一种:import ＜函数库名称＞。此种情况下,以"＜函数库名称＞.＜函数名＞()"形式调用＜函数库名称＞库中的函数。

第二种:from ＜函数库名称＞ import ＊。此种情况下,无须"＜函数库名称＞."作为前导,可直接采用"＜函数名＞()"的形式调用＜函数库名称＞库中的函数。

第三种:import ＜函数库名称＞ as m。此种方法与第一种方法类似,但它对＜函数库名称＞库中的函数调用将采用更为简洁的"m.＜函数名＞()"形式,即"m"为＜函数库名称＞的别名。注意,此处的"m"也可以替换为其他任意别名。

使用 import 保留字,可以将程序的一个或多个函数导入另一个 Python 程序,从而实现代码的复用。原则上,导入函数库语句可以出现在程序的任何位置,但建议将其放在程序的开头。

请思考 为什么建议把导入函数库语句放在程序的开头?

例如

#调用 math 函数库进行三角形边长的计算
```
>>> import math
>>> x = input('输入两边长及夹角(度):')
输入两边长及夹角(度):6 3 60
>>> a, b, theta = map(float, x.split())
>>> c = math.sqrt(a**2 + b**2 - 2*a*b*math.cos(theta*math.pi/180))
>>> print('c =', c)
c = 5.196152422706631
```

提示 将导入函数库语句放在程序的开头,导入函数库中所有的函数,以便后面的代码调用。

2.4 基本的输入、转换和输出

在 Python 程序中,最重要的功能莫过于输入、转换和输出。本节主要介绍输入函数、转换函数和输出函数。Python 语言提供了 3 个重要的函数,分别是输入函数 input()、转换函数 eval()和输出函数 print()。

学习提示
【了解】基本的输入和输出函数
【掌握】eval()函数

2.4.1 input()函数

input()函数的基本语法格式如下:

input(<提示性信息>)

input()函数用于接收用户的键盘输入。如果存在提示性信息,那么将其写入input()函数,会将此信息标准输出。然后,函数从输入中读取数据。不论用户输入的是字符还是数字,input()函数的返回结果都是字符串,后续需要将其转换为相应类型的数据再处理。

> **提示**
> 为了能够在后续操作中利用用户输入的信息,需要指定一个变量,以字符串保存用户输入的信息。

例如

```
>>> s = input('--> ')
--> Welcome to Python!
>>> s
"Welcome to Python!"
```

> **提示**
> input()函数的提示性信息是可选的,程序可以直接使用input()获取输入而不设置提示性信息。

例如

```
>>> x = input('请输入:')
请输入:Welcome
>>> x
'Welcome'
>>> x = input('请输入:')
请输入:Welcome
>>> x
"Welcome"
>>> x = input('请输入:')
请输入:[1,2,3]
>>> x
'[1,2,3]'
```

2.4.2　eval()函数

eval()函数的基本语法格式如下:

eval(<字符串>)

eval()函数的功能是将字符串转换为有效的表达式,参与求值运算并返回计算结果,可以理解成去掉字符串最外两侧的引号,并按照语句要求执行去掉引号的表达式内容。

例如,a = eval("1+2"),去掉了字符串"1+2"最外两侧的引号,把"1+2"当作语句进行运算,结果为3,并保存在变量a中。eval()函数常见的用法有如下两种方式。

(1)对字符串中有效的表达式进行计算,并返回结果。

例如

```
>>> eval('pow(2,2)') #pow是一个计算数字幂的函数
4
```

```
>>> eval('2 + 2')
4
>>> n = 1
>>> eval("n + 4")
5
```

(2)将字符串去除引号并转换成相应的对象(如列表、元组、字典和字符串之间的转换)。

例如

```
>>> a = "[1,2,3,4]"
>>> b = eval(a)
>>> b
[1, 2, 3, 4]
>>> a = "{1:'xx',2:'yy'}"
>>> c = eval(a)
>>> c
{1: 'xx', 2: 'yy'}
>>> a = "(1,2,3,4)"
>>> d = eval(a)
>>> d
(1, 2, 3, 4)
```

eval()函数经常和input()函数一起使用,用于获取用户输入的数字,基本语法格式如下:

<变量> = eval(input(<提示性信息>))

此时,input()函数将用户输入的数字解析为字符串,再由eval()函数去掉引号,字符串将被解析为数字并保存到变量中。

例如

```
>>> number = eval(input("请输入一个数:"))
请输入一个数:3
>>> print(number ** 3) # ** 代表幂运算
27
#上面的代码等效于:
>>> a = input("请输入一个数:")
请输入一个数:3
>>> number = eval(a)
>>> print(number ** 3)
27
```

> 提示
> 使用eval()函数时要注意安全性,因为eval()函数可以将字符串转换成表达式并执行,所以有可能执行系统命令,导致如删除文件等误操作。

2.4.3 print()函数

根据输出内容的不同,print()函数有不同的用法。

1. print(< 待输出字符串或变量 >)

此处仅用于字符串或单个变量的输出，输出结果是可打印字符。

例如

```
>>> print("Welcome to Python!")
Welcome to Python!
>>> print(123)
123
>>> print([1, 2, 3])
[1, 2, 3]
```

2. print(<变量1> , <变量2> , … , <变量N>)

此处仅用于一个或多个变量的输出，输出后用一个空格分隔各变量值。

print()函数输出多个变量时默认使用空格分隔各变量值，如果希望采用其他符号进行分隔，可以对 print() 函数的 sep 参数进行赋值，基本语法格式如下：

print(<待输出内容> ,sep = " <分隔符号> ")

例如

```
>>> print(1, 3, 5)
1 3 5
>>> print(1, 3, 5, sep = '.')      #指定分隔符
1.3.5
>>> print(1, 3, 5, sep = ':')
1:3:5
```

3. print(<输出字符串模板> . format(<变量1> , <变量2> , … , <变量N>))

此处用于混合输出字符串与变量值。其中，<输出字符串模板>中采用花括号{}表示一个槽位置，每个槽位置对应.format()中的一个变量。

例如

```
>>> x, y = 10.0, 5.0
>>> print("{}除以{}的商是{}".format(x, y, x/y))
10.0 除以 5.0 的商是 2.0
```

"{}除以{}的商是{}"是<输出字符串模板>，其中 3 个 "{}" 按顺序对应着 .format() 中的 x、y、x/y 这 3 个变量，变量依次填充 "{}"，即得到输出的可打印字符。

print()函数默认会在输出文本后增加一个换行，如果不希望增加换行，或者希望增加其他内容，可以对 print() 函数的 end 参数进行赋值，基本语法格式如下：

print(<待输出内容> ,end = " <增加的输出结尾> ")

```
>>> a = "Welcome to Python"
>>> print(a, end = '!')
Welcome to Python!
>>> print(a, end = '.')
Welcome to Python.
```

请思考 试试下面的代码在命令提示符环境中会有什么样的运行效果？
```
from time import sleep
for i in range(10):
    print(i,end = ':')
    sleep(0.5)
```

真题演练

【例】在屏幕上输出"Hello world"，使用的 Python 语句是（   ）。
A）printf('Hello World')   B）print(Hello world)
C）print("Hello world")   D）printf("Hello world")
【答案】C
【解析】在 Python 语言中，输出函数是 print( )，"Hello World"是字符串，需要加单引号或双引号。

2.5　Python 的标准编码规范

学习提示
【了解】Python 的标准编码规范

任何一种语言都有约定俗成的编码规范，Python 也不例外。Python 非常重视代码的可读性，对代码的布局和排版有严格要求。开发者只有严格遵守统一的规范，在开发和维护的过程才能做到事半功倍。下面介绍一些 Python 的标准编码规范。

（1）可以使用＜Tab＞键实现缩进。每一级缩进使用 4 个空格或 1 个制表符。空格是首选的缩进方式，不能混合使用空格和制表符。

①续行时，可以使用花括号、方括号和圆括号内的隐式行连接来垂直对齐，也可以使用挂行缩进对齐。当使用挂行缩进时，建议第一行不包含参数。

例如
```
#与左括号对齐
foo = long_function_name(var_one, var_two,
                         var_three, var_four)
#用更多的缩进来与其他行进行区分
def long_function_name(
        var_one, var_two, var_three,
        var_four):
    print(var_one)
#挂行缩进应该再换一行
foo = long_function_name(
    var_one, var_two,
    var_three, var_four)
```

②当一些语句的条件需要换行书写时，可以在保留字之后、紧跟的字符之前增加 1 个空格和 1 个左括号来创造 4 个空格缩进的换行条件。

例如
#没有额外的缩进

```
    if (this_is_one_thing and
            that_is_another_thing):
        do_something()
# 在条件语句中添加额外的缩进
    if (this_is_one_thing
            and that_is_another_thing):
        do_something()
```

③在多行结构中,右括号可以单独起一行作为最后一行、与内容或第一行第一个字符对齐。

例如

```
my_list = [
    1, 2, 3,
    4, 5, 6,
    ]
my_list = [
    1, 2, 3,
    4, 5, 6,
]
```

(2)每行最大长度为79,较长的代码行续行优先使用花括号、方括号和圆括号中的隐式续行方式,也可以使用反斜杠换行的方式。

(3)模块内容的顺序:首先是模块说明和文档字符串,接着是导入库部分,然后是全局变量和常量的定义,最后为其他定义。其中导入库部分又按标准库、第三方库和自定义模块的顺序依次排放,它们之间空一行。

(4)不要在一个 import 语句中导入多个库,如"import os,sys"。

(5)采用 from – import 导入库时,可以省略函数名,但是这样可能出现命名冲突,这时就要采用"import 模块名"这种方式导入库。

(6)顶层函数和类的定义之间可用两个空行隔开,类中的方法定义之间可空一行,函数中逻辑无关的段落之间可用一个空行隔开,其他地方尽量不要有空行。

(7)避免不必要的空格,如右括号、逗号、冒号、分号前不要加空格;函数、序列的左括号前不要加空格;操作符左右各加一个空格,不要为了对齐增加空格;函数默认参数使用的"="左右可省略空格。

(8)注释是完整的句子,最好使用英文,首字母大写(除非是标识符),句后要有结束符,两个空格后开始下一句。如果是短语,则可以省略结束符。

(9)要为所有的公共模块、函数、类、方法编写文档字符串,非公共的模块应该有一个描述具体作用的注释。

(10)新编代码可以按下列风格进行命名。但如果已有库采用了其他的风格,建议保持内部统一性。

①不要使用字母"l""O"或"I"作为单字符变量名。因为这些字符在显示时可能无法与数字 0 和 1 区分。

②模块和包命名的长度尽量短小,建议使用全部小写的方式,不同的是模块命名可以使用"_",而包命名不建议使用"_"。

③使用"CapWords"的方式命名类,模块内部使用的类采用"_CapWords"的方式命名,异常

命名使用"CapWords+Error"的方式。

④全局变量尽量只在模块内有效。通过"__all__"机制或在变量名前加上"_"实现。

⑤函数名称全部使用小写英文字母,可以使用"_"。

⑥常量名称全部使用大写英文字母,可以使用"_"。

2.6 上机实践——Python小游戏

为便于读者进一步体会2.5节讲解的Python的标准编码规范,特编写以下两个Python小游戏。读者可以按格式摘抄代码后上机运行,和朋友一起在娱乐中学习。

1. 猜数字

```python
import random
rang1 = eval(input("请设置本局游戏的最小值:"))
rang2 = eval(input("请设置本局游戏的最大值:"))
num = random.randint(rang1,rang2)
guess = ''
print("数字猜谜游戏!")
i = 0
while guess != num:
    i += 1
    guess = eval(input("请输入你猜的数字:"))
    if guess == num:
        print("恭喜,你猜对了!")
    elif guess < num:
        print("你猜的数小了……")
    else:
        print("你猜的数大了……")
print("你总共猜了%d" % i + "次")
```

2. 猜打乱字母顺序的单词原词

```python
import random
WORDS = ('modern','internet','computer','difficult','answer','question','improve',
'many','game','sense')
print("欢迎参加游戏")
jixu = 'Y'
while jixu == 'Y' or jixu == 'y':
    rw = random.choice(WORDS)
    cw = rw
    jw = ''
    while rw:
        position = random.randrange(len(rw))
        jw += rw[position]
        rw = rw[:position] + rw[(position + 1):]
```

```
print('乱序后单词:',jw)
gw = input('请你猜猜看:')
while gw != cw and gw != '':
    print("不好意思,你猜的不正确。")
    gw = input("你继续猜:")
if gw == cw:
    print("恭喜你！猜对啦！")
jixu = input("是否继续游戏(Y/N):")
```

课后总复习

1. 关于Python程序的格式框架的描述,以下选项中错误的是(　　)。
   A)Python语言可以采用按<Tab>键的方式实现缩进
   B)Python单层缩进代码属于之前最邻近的一行非缩进代码,多层缩进代码根据缩进关系决定所属范围
   C)分支结构、循环结构、函数等语法形式能够通过缩进包含一批Python代码,进而表达对应的语义
   D)Python语言不采用严格的"缩进"来表明程序的格式

2. 在屏幕上输出Hello World使用的Python语句是(　　)。
   A)printf('Hello World')　　B)print(Hello World)　　C)print("Hello World")　　D)printf('Hello World')

3. 以下变量名合法的是(　　)。
   A)for　　　　　　　　B)123abc　　　　　　　　C)x/y　　　　　　　　D)_int

4. 以下赋值语句中合法的是(　　)。
   A)x = 1,y = 2　　　　B)x = y = 2　　　　C)x = 1 y = 2　　　　D)x = 1:y = 2

5. 关于Python程序注释的描述,以下选项中错误的是(　　)。
   A)Python语言的单行注释可以以"#"开头
   B)Python语言的单行注释可以以单引号开头
   C)Python语言的多行注释必须在每行开始都用"#"开头
   D)Python语言有两种注释方式:单行注释和多行注释

6. "Welcome" + "to" + "Python"的输出结果是(　　)。
   A)"Welcome to Python"　　　　　　　　　　　B)"Welcome" + "to" + "Python"
   C)Welcome to Python　　　　　　　　　　　　D)"WelcometoPython"

7. 关于import的描述,以下选项中错误的是(　　)。
   A)使用import turtle 导入turtle库
   B)使用form turtle import setup 导入turtle库
   C)使用import turtle as t 导入turtle库,取别名为t
   D)import保留字用于导入模块或模块中的对象

8. 编写代码,获得用户输入的一个合法算式并输出结果。
9. 编写代码,获得用户输入的一段文字并垂直输出。
10. 编写代码,获得用户输入的一个整数,计算其平方和立方并输出结果(用空格分隔)。
11. 编写代码,获得用户输入的一个两位自然数,输出其十位和个位上的数字。

第3章
Python语言的基本数据类型

章前导读

通过本章，你可以学习到：
- 数字类型及分类
- 数字类型的运算
- 字符串的格式化及操作
- 类型判断及转换

本章评估	
重要度	★★★★
知识类型	理论+实践
考核类型	选择题+操作题
所占分值	约15分
学习时间	4课时

学习点拨

了解什么是数据类型；掌握数据类型的类别；了解什么是数字类型；掌握数字类型的类别；了解数据类型运算符；掌握数据类型的运算函数；了解字符串类型的特点；掌握字符串类型的索引和切片；了解format( )方法的使用；掌握fromat( )方法的格式控制；了解字符串操作符；掌握字符串处理方法；了解数据类型判断函数；掌握数据类型转换函数。

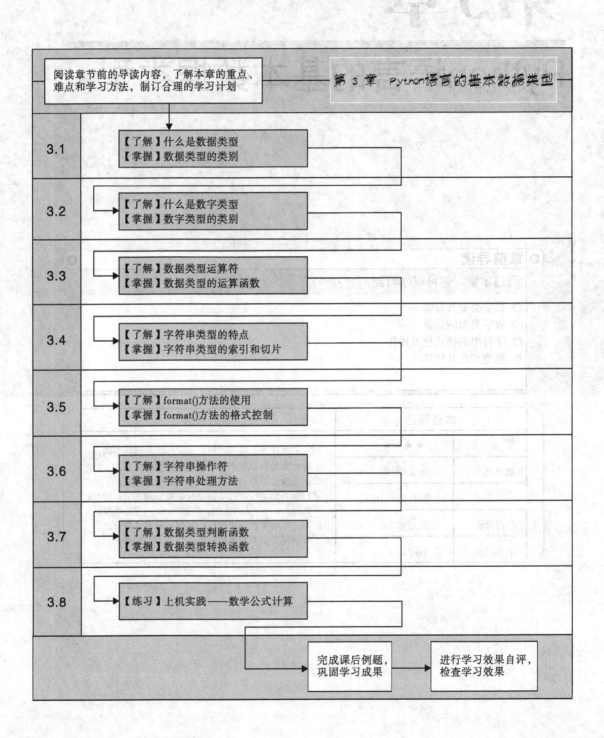

3.1 数据类型简介

计算机在对数据进行运算和操作时,需要明确数据的类型,不同的类型具有不同的操作,并且每一种数据类型都有自己独特的形式。Python 语言支持多种数据类型,本章后续内容将介绍两种基础数据类型,即数字类型、字符串类型,以及对应类型的操作符、操作函数和操作方法。

3.2 数字类型

数字类型用于存储数值,是不可改变的数据类型。这意味着,若要改变变量的数据类型,就要为其赋值一个新的对象。Python 语言支持 3 种数字类型,即整数类型、浮点数类型和复数类型,分别对应于数学中的整数、实数和复数。

3.2.1 整数类型

整数类型与数学中的整数相对应,一般认为可以在正整数和负整数范围内任意取值。整数类型可以表示为二进制、八进制、十进制(默认采用)、十六进制等多种进制形式。进制形式需要增加引导符号以示区别,如表 3.1 所示。

表 3.1 整数类型的 4 种进制形式

进制形式	引导符号	描述
二进制	0b 或 0B	由 0 和 1 构成
八进制	0o 或 0O	由 0~7 构成
十进制	无	由 0~9 构成
十六进制	0x 或 0X	由 0~9、a~f 或 A~F 构成(字母 a~f 表示 10~15)

进制形式是整数数值的不同显示方式,同一个整数的不同进制形式在数学意义上是没有区别的,程序可以直接对不同进制形式的整数进行运算或比较。无论采用何种进制形式表示数据,运算结果均以默认的十进制形式显示。

例如

```
>>> 0b001111101000
1000
>>> 0o1750
1000
>>> 0x3e8
1000
```

其中,0b001111101000、0o1750、0x3e8 都表示十进制数 1000,分别对应着二进制形式、八进制形式、十六进制形式,在 Python 中会将其自动转化为十进制数字输出。如果想让 Python 输出一个数字的二进制、八进制、十六进制形式,可以借助 bin()、oct()、hex() 函数实现。

例如

```
>>>bin(100)      #将整数转换成二进制形式,且为字符串类型
'0b1100100'
>>>oct(100)      #将整数转换成八进制形式,且为字符串类型
'0o144'
>>>hex(100)      #将整数转换成十六进制形式,且为字符串类型
'0x64'
```

请注意 此时转换输出的结果均为字符串类型。

提示
Python语言没有限制整数类型数值的大小,但实际上由于计算机内存有限,整数类型数值不可能无限大或无限小。

例如

```
>>> a = 99999999999999999999999999999
>>> a*a
9999999999999999999999999999800000000000000000000000000001
>>> a**3
999999999999999999999999999970000000000000000000000000002999999999999999999999999999
```

3.2.2 浮点数类型

浮点数类型与数学中的实数相对应,类似C语言中的double数据类型,其值可正、可负。对于一般使用情况,浮点数类型的取值范围($-10^{308} \sim 10^{308}$)和小数精度(约2.22×10^{-16})已足够使用,所以可以认为浮点数类型可任意取值。在Python语言中,浮点数只可表示成十进制形式,必须带有小数(可以为0),可以用数学上的一般写法表示,也可以用科学计数法(用e或E表示10,后接指数)表示。

例如

```
>>> 1.25e8
125000000.0
>>>1.25e-4
0.000125
```

提示
下划线可用于对数字进行分组,以增强可读性。在数字之间和0x等引导符号之后可以使用下划线。

例如

```
>>> 0b10_10 + 0x1234
4670
```

浮点数可以参与加、减、乘、除运算。

例如

```
>>> 0.0000000000123456789 * 0.0000000000987654321
```

```
1.2193263111263526e-21
>>> 0.0000000000987654321 / 0.0000000000123456789
8.0000000729
```

> **请思考** 尝试运行一下浮点数的加法运算0.1+0.2,其结果是什么？结果若出现问题该如何解决？

浮点数加法运算 0.1+0.2 的实际运行结果为 0.30000000000000004,比正确的计算结果多了一个"尾巴",这是许多编程语言进行浮点数运算时的常见情况——"不确定尾数"的问题。两个浮点数进行运算时可能出现"不确定尾数",其根本原因是浮点数的二进制数和十进制数不存在严格的对等关系。这个问题有可能会对程序执行的过程或结果造成一定影响。

例如

```
>>> 3.1415926 - 3.0 == 0.1415926
False
```

在 Python 语言中可以使用 round( ) 函数解决这个问题。round(x,d) 可以实现对参数 x 四舍五入的功能,而参数 d 用于指定保留的小数位数。

例如

```
>>> round(3.1415926-3.0,7)
0.1415926
>>> round(3.1415926-3.0,7) == 0.1415926
True
```

3.2.3 复数类型

复数类型与数学中的复数相对应,其值由实数部分和虚数部分组成,虚数部分的基本单位为 j。复数类型的一般形式为 x+yj,其中的 x 是复数的实数部分,yj 是复数的虚数部分,这里的 x 和 y 都是实数。

> **提示** 当 y=1 时,1 是不能省略的,因为 j 在 Python 程序中是一个变量,此时如果将 1 省略,程序会报出异常。

复数类型数值的实数部分和虚数部分都是浮点数。对于一个复数,可以用".real"和".imag"得到它的实数部分和虚数部分。虚数部分不能单独存在,Python 会为其自动添加一个值为 0.0 的实数部分以与其一起构成复数。虚数部分必须有 j 或 J。

例如

```
>>> a = 1J
>>> a.real                    #默认添加实数部分
0.0
>>> a = 1 + 2j
>>> b = 3 + 4j
>>> c = a + b
>>> c
(4+6j)
>>> c.real                    #查看复数的实数部分
4.0
```

```
>>> c.imag                    #查看复数的虚数部分
6.0
>>> a.conjugate()             #返回数学意义上的共轭复数
(1-2j)
>>> a * b                     #复数乘法
(-5+10j)
>>> a / b                     #复数除法
(0.44+0.08j)
```

3.3 数字类型的运算

3.3.1 数字类型运算符

Python 语言中,数字类型(复杂类型除外)运算符共有 9 个,如表 3.2 所示。它们的优先级次序,从加法运算符(+)到幂运算符(**)逐渐升高。

学习提示
【了解】数据类型运算符
【掌握】数据类型的运算函数

表 3.2 数字类型运算符

运算符	功能说明
+	算术加法,如 1+2,结果为 3
-	算术减法,如 2-1,结果为 1
*	算术乘法,如 1*2,结果为 2
/	真除法,结果为浮点数,如 2/1,结果为 2.0
//	求整数商,如 1//2,结果为 0;0.1//0.2,结果为 0.0;(-1)//2,结果为 -1
%	求余数,如 3%2,结果为 1
-	负号,即相反数
+	正号,数值不变
**	幂运算,如 3**4,结果为 81

提示
(1)"+"运算符还可以用于列表、元组、字符串的连接,但不支持不同类型的对象之间相加或连接。
(2)"*"运算符还可以用于列表、字符串、元组等类型的运算,当前变量与整数进行"*"运算时,表示对内容进行重复并返回重复后的新对象。
(3)"/"运算符的运算结果是浮点数。
(4)"//"运算符也称为整数除法,其运算结果是一个整数,即不大于商的最大整数。
(5)"%"还可以用于字符串格式化,但不适用于复数运算。

Python 语言支持混合数字类型算术,即当一个二元运算符有不同数字类型的操作数时,"窄小"类型的操作数会被扩大到另一个操作数,其中整数比浮点"窄",浮点数比复数"窄"。这也被称作混合类型,自动升级。

例如

```
>>> (3+3j) + 3
(6+3j)                        #3+3j 是复数类型,3 是整数类型,运算结果是复数类型
>>> 3 / 0.3
10.0                          #3 是整数类型,0.3 是浮点数类型,运算结果是浮点数类型
```

```
>>> 3/3
1.0                          #除法运算结果是浮点类型
>>> (3+3j) * 10.0
(30+30j)                     #3+3j是复数类型,10.0是浮点数类型,运算结果是复数类型
>>> 10.0 // 3
3.0
>>> 10 % 3
1
```

表3.2中的所有二元运算符都可以与赋值符号(=)组合在一起构成自修改运算符(中间不允许出现空格,否则程序会报错),如表3.3所示。

表3.3 自修改运算符

运算符	功能说明
x += y	x和y相加后的结果被赋值给x
x -= y	x减去y后的结果被赋值给x
x *= y	x和y相乘后的结果被赋值给x
x /= y	x除以y后的结果被赋值给x
x //= y	x除以y后的整商被赋值给x
x %= y	x除以y后的余数被赋值给x
x **= y	x的y次方的结果被赋值给x

例如

```
>>> x = 3                    #创建整数类型变量
>>> x **= 2
>>> x
9
>>> x += 6                   #修改变量值
>>> print(x)                 #读取变量值并输出显示
15
```

提示：Python语言不支持++和--运算符。

在Python语言中,一般的数据类型都支持比较运算符。对于数字类型,比较运算符用于比较数值大小;对于字符串类型,比较运算符用于比较字符串每个字符的美国信息交换标准代码(American Standard Code for Information Interchange,ASCII);对于元组,比较运算符用于将元组对应位置的元素进行比较。比较运算符及其功能说明如表3.4所示。

表3.4 比较运算符

运算符	功能说明
x == y	判断x与y是否相等,相等返回True,不等返回False
x != y	判断x与y是否不等,不等返回True,相等返回False
x > y	判断x是否大于y,大于返回True,小于返回False
x < y	判断x是否小于y,小于返回True,大于返回False
x >= y	判断x是否大于等于y,大于等于返回True,小于返回False
x <= y	判断x是否小于等于y,小于等于返回True,大于返回False

例如

```
>>> a = 10
>>> b = 11
>>> a == b
```

```
False
>>>a!=b
True
>>>a>b
False
>>>a<b
True
>>>a>=b
False
>>>a<=b
True
```

逻辑运算符与比较运算符类似，基本的数据类型几乎可以使用逻辑运算符进行逻辑运算。Python 中有 3 种逻辑运算符，如表 3.5 所示。

表 3.5 逻辑运算符

运算符	功能说明
and	布尔"与"
or	布尔"或"
not	布尔"非"

在 Python 中，布尔类型是一个特殊的数据类型，其值有 True 和 False 两种。True 相当于真，False 相当于假。要注意，Python 对字母的大小写要求非常严格，True 和 False 的首字母都要大写。可以通过 bool( ) 函数判断一个数据或者表达式的布尔值。

例如

```
>>>a = 3
>>>b = 6
>>>a and b
6
>>>bool(6)
True
>>>a = 0
>>>b = 3
>>>a and b
0
>>>bool(0)
False
>>>a or b
3
>>>bool(3)
True
>>> not a
True
>>>bool(0.0)
False
>>>bool(-1)
True
>>>bool("") #此处为空字符串
False
```

```
>>>bool(' ')  #此处为包含一个空格的字符串
True
>>>bool('0.0')
True
```

由上述实例可知,"与"运算时,如果 a 为假,"a and b"就返回 a 的值,否则返回 b 的值;"或"运算时,如果 a 不为假,"a or b"就返回 a 的值,否则返回 b 的值;"非"运算时,如果 a 为真,就返回假,如果 a 为假,就返回真。

bool()函数的运算规则:对数字来说,除去 0 的任何形式,其他均为真;对字符串来说,只有空字符串才为假,其他全为真。

3.3.2 数字类型的运算函数

Python 在安装的时候就会自动附带一些函数,这些函数称为"内置函数"。使用内置函数时无须导入其他模块,便可直接使用其中的一些数字类型的运算函数。因为这些函数的函数名表示运算的英文名称,较于运算符更易理解,所以用起来也更加方便。下面介绍一些 Python 内置的数字类型运算函数,如表 3.6 所示。

提示
执行下面的命令可以列出所有内置函数。
>>> dir(__builtins__)

表 3.6 Python 内置的数字类型运算函数

运算函数	功能说明
abs(x)	返回数字 x 的绝对值或复数 x 的模
x.conjugate()	返回复数 x 的共轭复数
divmod(x,y)	返回包含整商和余数的元组(x//y,x%y)
pow(x,y[,z])	返回 x 的 y 次方,等价于 x**y;若指定 z,则等价于(x**y)%z
round(x[,d])	对 x 进行四舍五入,若不指定 d,则返回整数
max(x1,x2,…,xn)	返回可迭代对象 x 中的最大值
min(x1,x2,…,xn)	返回可迭代对象 x 中的最小值

abs(x)函数用于返回数字类型的绝对值,对于整数和浮点数,返回结果为非负数值;对于复数,返回结果是该复数的模。因为复数是在复平面二维坐标系中以实数部分和虚数部分为坐标值的向量,其绝对值就是坐标到原点的距离,即向量的模。复数的模同复数的实数部分和虚数部分一致,也为浮点数。

例如
```
>>> s = abs(-3+4j)
>>> print(s)
5.0
>>> s = abs(-3)
>>> print(s)
3
>>> s = abs(4j)
>>> print(s)
4.0
```

divmod(x,y)函数以两个数字为参数,并在使用整数除法时返回由其商(x//y)和余数(x%y)组成的一个元组(以圆括号包含两个元素)。可以使用元组赋值语句将这两个元素传递给两个变量。

例如

```
>>> x = divmod(10,3)
>>> print(x)
(3, 1)
>>> m,n = divmod(10,3)
>>> m
3
>>> n
1
```

pow(x,y[,z])函数用于返回 x 的 y 次幂,相当于使用幂运算符,即 x**y。如果存在参数 z,则返回 x 的 y 次幂除以 z 的余数,即(x**y)%z。该函数的计算效率高于 pow(x,y)%z。

例如

```
>>> pow(10,10)
10000000000
>>> pow(0x1a2b,0b0011)
300628350099
>>> pow(2,24,10000)
7216
>>> pow(2,24) % 10000
7216
```

round(x[,d])函数用于返回整数或浮点数 x 四舍五入到小数点后指定位数 d 的结果。如果不存在参数 d 或 d 为 None,则返回最接近 x 的整数,否则返回值与 x 具有相同的类型。这里的"四舍五入"中,并非所有的".5"都会被进位。通俗认为,如果 x 绝对值的整数位为偶数,则".5"不进位,如果 x 绝对值的整数位为奇数,则".5"进位。例如,round(0.5)和 round(−0.5)都为 0,而 round(1.5)为 2。

提示

浮点数的 round()运算有时可能使人困惑,例如:round(2.675,2)的结果是 2.67,而不是预期的 2.68。这是因为大多数小数不能精确表示浮点数。

```
>>> round(0.15,1)
0.1
>>> round(0.16,1)
0.2
>>> round(0.15)
0
>>> round(3.1415926,2)
3.14
```

max()和 min()函数分别用于求出列表、元组或其他可迭代对象中元素的最大值和最小值,要求序列或可迭代对象中的元素之间可比较大小。

```
>>> a = [6, 16, 68, 73, 85, 40, 92, 72, 33, 51]  # a 是一个列表
>>> a
[6, 16, 68, 73, 85, 40, 92, 72, 33, 51]
>>> print(max(a),min(a),sum(a))
92 6 536
```

真题演练

【例1】以下代码的输出结果是(　　)。
x = 12 + 3 * ((5 * 8) - 14) // 6
print(x)
　　A)25.0　　　　　　　B)65　　　　　　　C)25　　　　　　　D)24
【答案】C
【解析】在 Python 中,算术运算符"//"表示整数除法,返回不大于结果的最大整数,而"/"则单纯地表示浮点数除法,返回浮点结果。所以依次计算 5*8=40,40-14=26,26*3=78,78//6=13,12+13=25。本题选择 C 选项。

【例2】以下关于 Python 语言复数类型的描述中,错误的是(　　)。
　　A)复数可以进行四则运算
　　B)实数部分不可以为 0
　　C)Python 语言中可以使用 z.real 和 a.imag 分别获取它的实数部分和虚数部分
　　D)复数类型与数学中复数的概念一致
【答案】B
【解析】在 Python 语言中,复数类型表示数学中的复数,D 选项正确。复数可以看作二元有序实数对(a,b),表示 a+bj,其中 a 是实数部分,简称实部,b 是虚数部分,简称虚部。虚数部分通过虚数单位"J"或"j"来表示,实数部分、虚数部分都可为 0,B 选项错误。复数可以进行四则运算,A 选项正确。复数类型中,实数部分和虚数部分都是浮点类型,对于复数 z,可以使用 z.real 和 a.imag 分别获取它的实部和虚部,C 选项正确。本题选择 B 选项。

3.4　字符串类型

3.4.1　字符串类型简介

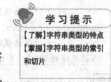

　　用单引号、双引号或三引号界定的字符序列称为字符串。计算机需要处理的文本信息就是通过使用字符串来体现的,如 'xyz'、'520'、'中国'、"Python",空字符串一般表示为 '' 或""。
　　单引号、双引号、三单引号、三双引号可以互相嵌套,用于表示复杂字符串,如 '''Tom said,"Let's go"'''。

例如

>>> print('这是单引号字符串')
这是单引号字符串
>>> print("这是双引号字符串")
这是双引号字符串
>>> print('''这是三单引号字符串''')
这是三单引号字符串
>>> print("""这是三双引号字符串""")
这是三双引号字符串

　　三引号 ''' 或 """ 表示的字符串可以换行,支持排版较为复杂的字符串;三引号还可以在程序中表示较长的注释,即文档字符串。

例如

```
print('''Tom said,
"Let's go"
''')
Tom said,
"Let's go"
```

如果在 Python 字符串中出现反斜杠字符"\"，其代表着特殊含义，表示该字符与后面相邻的一个字符共同组成转义字符。常见的转义字符如表 3.7 所示。

表 3.7 常见的转义字符

转义字符	含义	转义字符	含义
\b	退格符，表示把光标移动到前一列位置	\\	反斜杠
\n	换行符	\'	单引号'
\r	回车符	\"	双引号"
\t	水平制表符	\v	垂直制表符

例如

```
>>> print('Hello\nWorld')
Hello
World
>>> print('Hello\tWorld')
Hello    World
>>> print('Hello\\World')
Hello\World
```

提示

在字符串中需要同时输出单、双引号时，就要使用到转义字符。
```
>>> print("俗话说得好:三个'臭皮匠'顶一个"诸葛亮"!")
SyntaxError: invalid syntax
>>> print("俗话说得好:三个'臭皮匠'顶上一个\"诸葛亮\"!")
俗话说得好:三个'臭皮匠'顶上一个"诸葛亮"!
```

提示

反斜杠字符"\"的另外一个作用就是续行，这在代码编写中非常常见。

例如

```
>>> x,y = 85,81
>>> if(x > 80 and x < 90 and \
    y > 80 and y < 90):
        print("GOOD")

GOOD
```

3.4.2 字符串的索引

由于字符串是关于字符的有序集合，所以可以通过字符的序号来获得对应的字符，该操作称为字符串索引。字符串索引包括正向递增索引和反向递减索引两种方式。可以通过 Python 语言的内置函数 len() 获取字符串的长度，一个中文字符和一个西文字符的长度都记为 1。基本格式如下：

字符串或字符串变量[序号]

字符串的正向递增索引是从 0 开始的，即左侧第一个字符的序号为 0，第二个字符的序号为 1，以此类推，最后一个字符的序号是 len(s) – 1。字符串的反向递减索引是从 – 1 开始的，即右侧第一个字符（倒数第一个）的序号是 – 1，第二个字符（倒数第二个）的序号是 – 2，以此类推，左侧第一个字符的序号是 – len(s)。

> 提示
> Python 语言中一般的序列都可以通过索引来访问序列中的对象，索引的使用范围不局限于字符串。

3.4.3 字符串的切片

可以采用[n:m]格式获取字符串的子串，这个操作被形象地称为切片。切片的基本语法格式如下：

字符串或字符串变量[n:m]

[n:m]用于获取字符串中从 n 到 m（但不包含 m）的连续的子字符串，其中，n 和 m 为字符串的序号，可以混合使用正向递增序号和反向递减序号。

例如

表 3.8 字符串的正向递增序号与反向递减序号

正向递增序号	0	1	2	3	4	5	6	7	8	9	10	11	12	13	14	15	16
字符串 str	W	e	l	c	o	m	e		t	o		P	y	t	h	o	n
反向递减序号	–17	–16	–15	–14	–13	–12	–11	–10	–9	–8	–7	–6	–5	–4	–3	–2	–1

通过索引获取如表 3.8 所示的字符串：
str[0]获取第一个字符"W"；str[–2]获取倒数第二个字符"o"。
通过切片获取相应序号的子字符串：
str[1:3]获取从序号为 1 的字符一直到序号为 3 的字符"el"；
str[1:]获取从序号为 1 的字符一直到字符串的最后一个字符"elcome to Python"；
str[:3]获取从序号为 0 的字符一直到序号为 3 的字符"Wel"；
str[: –1]获取从序号为 0 的字符一直到最后一个字符"Welcome to Pytho"；
str[:]获取字符串从开始到结尾的所有字符"Welcome to Python"；
str[–3: –1]获取序号为 –3 到序号为 –1 的字符"ho"；
str[–1: –3]和 str[2:0]获取的为空字符""，系统不提示错误。
字符串的切片还含有第三个参数步长，默认为 1：
str[:: –1]输出字符串的逆序"nohtyP ot emocleW"；
str[–1:: –3]逆序输出，并且每 3 个输出一个字符，从索引 –1 开始，输出字符串"nt oe"；
str[10:3: –2]逆序输出，并且每 2 个输出一个字符，从索引 10 开始，输出字符串" teo"。

3.5 字符串的格式化

3.5.1 format()方法的使用

Python 中，可以通过 format()方法对字符串进行格式化，基本语法格式如下：

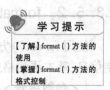

学习提示
【了解】format()方法的使用
【掌握】format()方法的格式控制

<字符串模板>.format(<参数1>,<参数2>,…,<参数N>)

此方法用于在字符串中整合变量时对字符串进行格式化,从而可以混合输出字符串与变量值。其中,<字符串模板>中采用花括号({})表示一个槽位置,每个槽位置对应format()中的一个参数。

例如
```
>>> x, y = 10.0, 5.0
>>> print("{}除以{}的商是{}".format(x, y, x/y))
10.0 除以 5.0 的商是 2.0
```

"{}除以{}的商是{}"是<字符串模板>,其中的3个"{}"按顺序对应着format()中的x、y、x/y这3个变量,变量被依次填充到"{}"。

如果无特殊设置,format()方法中的参数存在默认序号,即<字符串模板>中的槽"{}"从左至右依次编号(0,1,…),format()中的参数从左至右依次编号(0,1,…),两个序号从左至右一一对应,完成一对一填充。

例如
```
>>> "天才是{}% 的汗水加{}% 的灵感".format(99, 1)
'天才是99% 的汗水加1% 的灵感'
```

如果有特殊要求,即不需要<字符串模板>中的槽"{}"和format()中的参数从左到右一一对应,则可以在"{}"中添加序号,从而指定参数的使用。

例如
```
>>> "天才是{1}% 的汗水加{0}% 的灵感".format(1, 99) #在两个{}中分别添加了1、0序号
'天才是99% 的汗水加1% 的灵感'
```

如果槽"{}"与参数的数量不一致,不能够通过默认序号完成参数填充,则必须在槽"{}"中添加序号,从而指定参数的使用。

例如
```
>>> "{}是99% 的{}加1% 的{}".format("汗水","灵感")
Traceback (most recent call last):
  File "<pyshell#72>", line 1, in <module>
    "{}是99% 的{}加1% 的{}".format("汗水","灵感")
IndexError: tuple index out of range
>>> "天才是99% 的{1}加1% 的{2}".format("天才","汗水","灵感")
'天才是99% 的汗水加1% 的灵感'
```

请思考 如果想要在<字符串模板>中输出花括号({}),应该怎么做呢?

3.5.2 format()方法的格式控制

使用format()方法时,除了可以在槽"{}"中设置参数序号之外,也可以设置其他格式控制信息,基本语法格式如下:

{<参数序号>:<格式控制标记>}

其中<格式控制标记>用于控制参数显示时的格式，包括6个可选字段，即<填充>、<对齐>、<宽度>、<，>、<.精度>、<类型>，并且可以组合使用。例如，<宽度>、<对齐>和<填充>就经常一起使用。

其中，如果":"后面如果带<填充>字符，只能是一个字符；如果没有<填充>字符，默认为空格。格式控制标记"^""<"">"，分别表示居中、左对齐和右对齐，后面接<宽度>。<宽度>是指当前槽"{ }"设定的输出字符长度。如果该槽"{ }"对应的format()参数长度比指定的<宽度>大，则使用参数实际长度；如果该参数的实际长度小于指定的<宽度>，则以<填充>字符补充不足位数。

例如

```
>>> x = "PYTHON"
>>> "{0:30}".format(x)         #":"后没有<填充>字符,用空格填充,宽度为30
'PYTHON                        '
>>> "{0:>30}".format(x)        #">"表示右对齐
'                        PYTHON'
>>> "{0:*^30}".format(x)       #填充字符为"*",居中
'************PYTHON************'
>>> "{0:-^30}".format(x)
'------------PYTHON------------'
>>> "{0:3}".format(x)
'PYTHON'
```

格式控制标记<，>表示千分位，用于显示数字的千位分隔符，适用于整数和浮点数。

例如

```
>>> "{0:-^30,}".format(1234567890)
'--------1,234,567,890---------'
>>> "{0:-^30}".format(1234567890)
'----------1234567890----------'
>>> "{0:-^30,}".format(12345.67890)
'---------12,345.6789----------'
```

<.精度>由小数点(.)开头有两种含义：对于字符串，精度表示输出的最大长度；对于浮点数，精度表示小数部分输出的有效位数。如果实际长度(位数)大于有效长度，就要对参数作截断处理(四舍五入)；如果实际长度小于有效长度，以实际长度为准。

例如

```
>>> "{0:.3f}".format(12345.67890)
'12345.679'
>>> "{0:S^20.3f}".format(12345.67890)    #以字符"S"填充,输出宽度为20,小数位数为3
'SSSSS12345.679SSSSSS'
>>> "{0:.5}".format("PYTHON")
'PYTHO'
```

<类型>表示输出整数和浮点数的格式，具体格式如表3.9所示。

表3.9 数字类型的格式

数字类型	输出格式	说明
整数	b	输出整数的二进制形式
	c	输出整数对应的 Unicode 字符
	d	输出整数的十进制形式
	o	输出整数的八进制形式
	x	输出整数的小写十六进制形式
	X	输出整数的大写十六进制形式
浮点数	e	输出浮点数对应的小写字母 e 的指数形式
	E	输出浮点数对应的大写字母 E 的指数形式
	f	输出浮点数的标准浮点数形式
	%	输出浮点数的百分形式

例如

```
>>> x = 'The pen values {:d} yuan!'
>>> print(x.format(30))              #十进制
The pen values 30 yuan!
>>> x = 'The pen values {:b} yuan!'
>>> print(x.format(30))              #二进制
The pen values 11110 yuan!
>>> x = 'The pen values {:o} yuan!'
>>> print(x.format(30))              #八进制
The pen values 36 yuan!
>>> x = 'The pen values {:x} yuan!'
>>> print(x.format(30))              #十六进制
The pen values 1e yuan!
```

提示

输出浮点数时尽量使用<.精度>表示小数部分的位数,有助于更好地控制输出格式。

例如

```
>>> "{0:e},{0:E},{0:f},{0:% }".format(1.68)
'1.680000e+00,1.680000E+00,1.680000,168.000000% '
>>> "{0:.3e},{0:.3E},{0:.3f},{0:.3% }".format(1.68)
'1.680e+00,1.680E+00,1.680,168.000% '
```

可以用变量表示格式控制标记和数量,并在format()的参数中体现,再将字符串模板中的槽"{}"对应替换成用变量表示的格式控制标记。

```
>>> x = "Python"
>>> a = "*"
>>> "{0:{1}^20}".format(x,a)         #变量a指定了填充字符
'*******Python*******'
>>> "{0:{1}>{2}}".format(x,a,20)     #宽度为20
```

```
'* * * * * * * * * * * * Python'
>>> b = ">"
>>> "{0:{1}{3}{2}}".format(x,a,20,b)    #变量b指定了对齐方式
'* * * * * * * * * * * * Python'
```

真题演练

【例1】下面程序输出的结果是(　　)。
s1,s2 = "Mom","Dad"
print("{} loves {}".format(s2,s1))

A)Dad loves Mom　　　　　　　　B)Mom loves Dad
C)s1 loves s2　　　　　　　　　　D)s2 loves s1

【答案】A

【解析】Python语言使用format()格式化方法,基本语法格式:<字符串模板>.format(<参数1>,<参数2>,…,<参数N>),其中<字符串模板>是一个由字符串和槽组成的字符串,用于控制字符串和变量的显示效果。槽用花括号({})表示,对应format()方法中逗号分隔的参数。如果<字符串模板>有多个槽,且槽内没有指定序号,则按照槽出现的顺序分别对应format()方法中的不同参数。根据出现先后,参数存在一个默认序号。本题选择A选项。

【例2】以下程序的输出结果是(　　)。
s = "LOVES"
print("{:*^13}".format(s))

A)LOVES　　　　　　　　　　　B)* * * * * * * * LOVES
C)LOVES * * * * * * * *　　　　D)* * * * LOVES * * * *

【答案】D

【解析】本题考查的是字符串输出格式化知识点,其中"{:*^13}"表示输出的字符串长度为13、居中对齐、空白处用"*"填充,最后输出的是* * * * LOVES * * * *。D项正确。

3.6　字符串的操作

3.6.1　字符串操作符

在Python语言中,可以对字符串类型的数据进行操作。部分字符串操作符如表3.10所示。表中列出了按优先级升序排序的字符串操作符。其中,in和not in操作符与大小比较操作符具有相同的优先级,+和*操作符与相应的数字类型运算符具有相同的优先级。

学习提示

【了解】字符串操作符
【掌握】字符串处理方法

表3.10 部分字符串操作符

操作符	功能说明
x in s	如果x是s的子字符串,返回True,否则返回False
x not in s	如果x是s的子字符串,返回False,否则返回True
s + t	连接字符串s和t
s * n 或 n * s	重复n次字符串s

> 提示
> 相同数据类型的序列也支持上述操作。

例如

```
>>> "Python语言" + "二级教程"
'Python语言二级教程'
>>> str = "Python语言" + "二级教程"
>>> str
'Python语言二级教程'
>>> "Python " * 5
'Python Python Python Python Python '
>>> "Python" in str
True
>>> "二级" in str
True
>>> "三级" in str
False
```

3.6.2 字符串处理方法

Python语言为字符串类型定义了众多的字符串处理方法,以便对字符串进行加工,从而使用户能够以多种方式使用它们。下面将对Python中常用的字符串处理方法进行介绍,如表3.11所示。

表3.11 Python中常用的字符串处理方法

方法	功能说明
str.center(width[,fillchar])	返回以str为中心、长度为width的字符串
str.count(sub[,start[,end]])	返回范围[start,end]内子字符串sub的出现次数
str.join(iterable)	将iterable的元素使用该方法的字符串连接并返回新的字符串
str.ljust(width[,fillchar])	返回str左对齐、长度为width的字符串
str.lower()	返回字符串的副本,所有字符都转换为小写形式
str.lstrip([chars])	返回删除了左侧指定字符的字符串副本
str.partition(sep)	返回以从左到右第一个指定sep为元素进行分段后的字符串元组
str.replace(old,new[,count])	返回字符串的副本,其中出现的子字符串old将被new替换
str.rjust(width[,fillchar])	返回str右对齐、长度为width的字符串

续表

方法	功能说明
str.rpartition(sep)	返回以从右到左第一个指定 sep 为元素进行分段后的字符串元组
str.rstrip([chars])	返回删除了右侧指定字符的字符串副本
str.rsplit(sep = None, maxsplit = -1)	返回字符串中的字符列表,使用 sep 作为分隔符
str.split(sep = None, maxsplit = -1)	返回字符串中的字符列表,使用 sep 作为分隔符
str.startswith(prefix[,start[,end]])	返回判断指定区域是否是以指定字符串开头的布尔值
str.swapcase()	返回 str 中所有的字母进行大小写相互转换后的字符串
str.title()	返回将 str 中所有单词首字母大写,单词中间的大写字母全部转换为小写字母的字符串
str.strip([chars])	返回删除了左侧和右侧指定字符的字符串副本
str.upper()	返回字符串的副本,所有字符都转换为大写形式
str.zfill(width)	返回将 str 右对齐、长度为 width、不足部分左边补 0 的字符串副本

注:str 代表一个字符串或字符串变量。

> 提示
> 返回字符串的副本是指返回新的字符串而不改变原始字符串 str。

str.center(width[,fillchar])方法返回以 str 为中心、长度为 width 的字符串。使用可选参数 fillchar 指定字符串 str 两侧的填充(默认为空格)。如果 width 小于或等于 len(str),即 str 长度,则返回 str 原始字符串。

例如

```
>>> "Python is very simple.".center(30," * ")
'* * * * Python is very simple.* * * *'
>>> "Python is very simple.".center(10," * ")
'Python is very simple.'
```

str.count(sub[,start[,end]])方法返回范围[start,end]内,子字符串 sub 在母串 str 中的出现次数。参数 start 和 end 是可选的,默认从开始到结尾。

例如

```
>>> "Python is very simple.".count("e")
2
>>> "Python is very simple.".count("y")
2
>>> "Python is very simple.".count("y",0,5)
1
```

str.join(iterable)方法将 iterable 的元素使用该方法的字符串连接并返回新的字符串。简而言之,就是将字符串 iterable 中每个元素分隔,分隔符为 str。如果 iterable 中有任何非字符串值(包括字节),则会引发类型错误。

例如

```
>>> "_".join("Python")
'P_y_t_h_o_n'
>>> "、".join("123456")
'1、2、3、4、5、6'
```

str.lower()方法和 str.upper()方法能够将字符串中的英文字母转换为对应的小写或大写

形式,是一对功能相反的方法。

例如

```
>>> "Python is very simple.".lower()
'python is very simple.'
>>> "Python is very simple.".upper()
'PYTHON IS VERY SIMPLE.'
```

str.replace(old,new[,count])方法返回字符串的副本,str 中所有出现的子字符串 old 都被 new 替换。如果指定可选参数 count,则代表替换从左至右 count 数量的子字符串。

例如

```
>>> "Python is very simple.".replace("simple","useful")
'Python is very useful.'
>>> "Python is very simple.".replace("y","*")
'P*thon is ver* simple.'
>>> "Python is very simple.".replace("y","*",1)
'P*thon is very simple.'
```

str.split(sep=None, maxsplit=-1)方法返回字符串中的字符列表,使用 sep 作为分隔符。如果指定 maxsplit,则从左至右执行 maxsplit 次拆分;如果未指定 maxsplit 或 maxsplit=-1,则将进行所有可能的拆分。

例如

```
>>> "Python is very simple.".split()
['Python', 'is', 'very', 'simple.']
>>> "Python is very simple.".split("i")
['Python ', 's very s', 'mple.']
>>> "Python is very simple.".split("i",1)
['Python ', 's very simple.']
```

str.strip([chars])方法返回删除了左侧和右侧指定字符后的字符串副本。chars 参数指定要删除的字符。如果省略 chars 参数或 chars 参数为 None,则默认删除空白。

例如

```
>>> "* * Python * *".strip("*")
' Python '
>>> " Python ".strip()
'Python'
>>> "Python".strip("P")
'ython'
>>> " a ".strip(None)
'a'
```

真题演练

【例1】以下程序的输出结果是(　　)。
```
t = "the World is so big,I want to see"
s = t[20:21] + ' love ' + t[:9]
print(s)
```
A)I love the
B)I love World
C)I love the World
D)I love the Worl

48

【答案】C

【解析】字符串的序号从 0 开始,t[20:21]是指字符串中序号是 20 的元素 I,t[:9]是指从序号 0 到 8 的元素 the world,用" + "连接字符串,最后输出 I love the World。本题选择 C 选项。

【例2】对于以下代码的描述正确的是( )。

s = "Python is good"
l = " isn't it "
length = len(s)
s_title = s.title()
s_l = s + l
s_number = s[1:6]
print(length)

A)length 为 12
B)s_title 为"PYTHON IS GOOD"
C)s_l 为"Python is good isn't it "
D)s_number 为"Python"

【答案】C

【解析】len()方法用于获取字符串的长度,所以 length 应为 14;title()方法用于把字符串每个单词的首字母变为大写形式,所以应为"Python Is Good";字符串的序号是从 0 开始的,所以 s[1:6]应为"ython"。本题选择 C 选项。

【例3】下列关于 Python 运算符的使用描述正确的是( )。

A)a = ! b,比较 a 与 b 是否不相等
B)a =+ b,等同于 a = a + b
C)a == b,比较 a 与 b 是否相等
D)a // = b,等同于 a = a/b

【答案】C

【解析】比较 a 与 b 是否不相等的运算符是! =;a += b 等同于 a = a + b;a// = b 等同于 a = a//b。本题选择 C 选项。

3.7 类型判断及转换

3.7.1 数据类型判断函数

type(x)函数用于对变量的数据类型进行判断,x 可以是任何数据类型。

例如

```
>>> a = 3
>>> type(a)
<class 'int'>
>>> a = "Welcome to Python."
>>> print(type(a))
<class 'str'>
>>> a = [1,2,3]
>>> print(type(a))
<class 'list'>
```

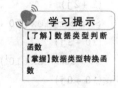

学习提示
【了解】数据类型判断函数
【掌握】数据类型转换函数

在一些代码语句中需要对数据类型进行判断,用来决定程序的走向,此时可以使用 type()函数直接判断。如下面的例子通过对输入数据的判断可以得到不同的输出结果。

```
x = eval(input("请输入一个数据:"))
if type(x) == type("2.0"):
    print("此数据为字符串。")
elif type(x) == type(2.0):
    print("此数据为浮点数。")
elif type(x) == type(2):
    print("此数据为整数。")
else:
    print("无法判断数据类型。")
```

3.7.2 数据类型转换函数

与众多高级编程语言一样，Python 语言也支持基本数据类型之间的转换，常用的类型转换函数及其功能如表 3.12 所示。

表 3.12 常用的类型转换函数及其功能

函数	功能说明
complex(re,im)	生成实数部分为 re，虚数部分为 im 的复数，im 默认为 0。如 complex(1,1)，结果为 1+1j
float(x)	将 x 转换为浮点数，如 float(1)，结果为 1.0
int(x)	将 x 转换为整数，如 int(1.0)，结果为 1
str(x)	将 x 转换为字符串，如 str(1.0)，结果为 '1.0'

complex(re,im) 函数返回值为 re+im*1j，用于将字符串或数字转换为复数。如果 re 是字符串，将被解释为复数，并且必须在没有 im 的情况下调用函数。im 不能是字符串。complex(re,rm) 函数的每个参数可以是任何数字类型(包括复数)。如果省略 im，则默认 im 值为 0，并且该函数可以和 int(x) 和 float(x) 一样完成数字类型的转换。如果两个参数都被省略，则返回 0j。

例如

```
>>>complex(1,2)
(1+2j)
>>>complex('10+3j')
(10+3j)
>>>complex('10')
(10+0j)
>>>complex(3)
(3+0j)
>>>complex()
0j
```

float(x) 函数用于返回由数字或字符串 x 构成的浮点数，还接受带有可选标记"+"或"−"的字符串"nan"和"inf"，用于非数字和正无穷大或负无穷大的转换。

例如

```
>>> float('+1.23')
1.23
>>> float('-12345\n')
-12345.0
```

```
>>> float('1e-003')
0.001
>>> float('+1E6')
1000000.0
>>> float('nan')
nan
>>> float('-inf')
-inf
```

int(x)函数用于返回整数,如果没有给定参数,则返回0。int(x)函数可以对浮点数向整数进行舍入或截短的转换,也可以将只含有整数的字符串转化为整数。

例如

```
>>>int(2)
2
>>>int(2.2)
2
>>>int(2.9)
2
>>>int('100')
100
```

提示

complex(re,im)、float(x)和int(x)可用于生成特定类型的数字,接受数字0~9或任何含有数值意义的字符。

str(x)函数用于将x转换为字符串,x可以是任意数据类型。

例如

```
>>> str(1.01)
'1.01'
>>> str(1+0.01)
'1.01'
```

3.8 上机实践——数学公式计算

接受用户输入的一个数学公式(可使用加、减、乘、除4种运算),将用户输入的公式计算出结果并输出。

例如

```
#执行第1次
请输入一个数学公式:1*3
1 乘 3 等于 3
#执行第2次
请输入一个数学公式:2+3
```

2 加 3 等于 5
#执行第 3 次
请输入一个数学公式:3/3
3 除以 3 等于 1.0
#执行第 4 次
请输入一个数学公式:10 -2
10 减 2 等于 8

其中用户输入 1 * 3、2 +3、3/3 和 10 -2,输出 1 乘 3 等于 3、2 加 3 等于 5、3 除以 3 等于 1.0 和 10 -2 等于 8。程序如下:

```
x = input('请输入一个数学公式:')
y = eval(x)
x = x.replace('+','加')
x = x.replace('-','减')
x = x.replace('*','乘')
x = x.replace('/','除以')
print(x,'等于',y)
```

当用户输入了一个数学公式后,虽然可以用 eval( )函数直接计算出结果,但是题目要求的输出需将符号替换为汉字,所以采用字符串的 replace( )方法进行字符替换。经过 4 次替换,若符号不存在,则原字符串不变;若符号存在,则相应地替换为汉字。

观察上述案例,现将输入和输出的内容修改,请根据示例,进行代码改写。

例如

#执行第 1 次
请输入一个数学公式:1 乘 3
1 * 3 等于 3
#执行第 2 次
请输入一个数学公式:2 加 3
2 +3 等于 5
#执行第 3 次
请输入一个数学公式:3 除以 3
3/3 等于 1.0
#执行第 4 次
请输入一个数学公式:10 减 2
10 -2 等于 8

此处需将上述案例中输入的符号替换为汉字、输出的汉字替换为符号,程序相应调整如下:

```
x = input('请输入一个数学公式:')
x = x.replace('加','+')
x = x.replace('减','-')
x = x.replace('乘','*')
x = x.replace('除以','/')
y = eval(x)
print(x,'等于',y)
```

课后总复习

1. 以下选项中非数字的是( )。
   A)0a123　　　　　　B)0b101　　　　　　C)0o123　　　　　　D)0x123
2. 以下选项中字符串不合法的是( )。
   A)"123'456'7890"　　B)'123"456"7890'　　C)'123'456'7890'　　D)'''123"456"7890'''
3. 关于 Python 字符串的描述,以下选项中正确的是( )。
   A)可以使用 datatype( ) 函数测试数据类型
   B)输出带有""的字符串,可以使用转义字符/
   C)字符串是一个字符序列,字符串中的编号称为序号
   D)Python 采用[n:m]格式提取字符串中从 n 到 m(包含 m)的子字符串
4. 以下是 print(type(12.00))的运行结果的是( )。
   A) < class 'complex' >　　B) < class 'float' >　　C) < class 'int' >　　D) < class 'bool' >
5. x = "3.1415926",以下哪个选项表示"3.14"( )?
   A)x[0:3]　　　　　B)x[1:4]　　　　　C)x[-9: -6]　　　　D)x[0:4]
6. 关于 Python 复数类型的描述,以下选项中错误的是( )。
   A)实数部分和虚数部分都是浮点数
   B)虚数部分通过"j"或"J"来表示
   C)对于复数 x,可以使用 x.real 获得 x 的虚数部分
   D)虚数部分为 1 时,1 不能省略
7. 下列转义字符能够实现换行的是( )。
   A)\b　　　　　　　B)\n　　　　　　　C)\r　　　　　　　D)\t
8. 下列函数不能够实现类型转换的是( )。
   A)str( )　　　　　　B)type( )　　　　　　C)int( )　　　　　　D)float( )
9. 以下是 print("1234" + 1234)的运行结果的是( )。
   A)"1234" + "1234"　　　　　　　　　　　B)"12341234"
   C)2468　　　　　　　　　　　　　　　　D)提示类型错误,无法运行
10. 编写代码,获得用户输入的一个字符串,将其以逗号分隔输出。
11. 编写代码,获得用户输入的一个数字(1~12),输出对应月份的英文名称字符串。
12. 编写代码,获得用户输入的一个复数,计算、输出其共轭复数,并提取其实部和虚部。
13. 编写代码,获得用户输入的一个十进制数,分别输出其二进制、八进制、十六进制形式的字符串。

第4章

Python语言的3种控制结构

章前导读

通过本章，你可以学习到：
- 程序的3种控制结构
- 程序的分支结构
- 程序的循环结构
- 程序的异常处理

本章评估	
重要度	★★★★
知识类型	理论+实践
考核类型	选择题+操作题
所占分值	约30分
学习时间	4课时

学习点拨

了解控制结构；了解顺序结构；掌握单分支、二分支、多分支结构；掌握遍历循环、无限循环、循环控制；掌握try-except异常处理结构。

本章学习流程图

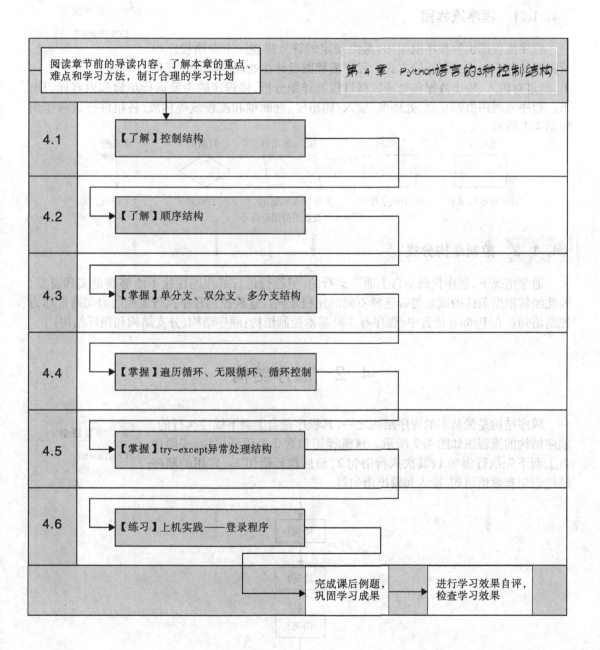

4.1 控制结构

4.1.1 程序流程图

【了解】控制结构

程序流程图也称程序框架图,是用规定的符号描述一个专用程序中所需要的各项操作或判断的方式。程序流程图设计在处理流程图的基础上,通过对输入、输出数据和处理数据过程的详细分析,将程序的主要运行步骤和内容标识出来。程序流程图由起止框、处理框、输入/输出框、判断框和流程线等构成,各组件样式与作用如图 4.1 所示。

图 4.1 流程图的图形符号

4.1.2 控制结构分类

通常情况下,程序代码是自上而下运行的,但逐行运行的代码往往不能够满足实际需要,因此经常根据条件的成立与否选择不同的流程走向。这种控制程序执行流程的语句通常称为控制语句。在 Python 语言中,程序有 3 种基本控制结构:顺序结构、分支结构和循环结构。

4.2 顺序结构

顺序结构是最基本的程序结构之一,其程序是自上而下线性执行的,顺序结构的流程图如图 4.2 所示。该流程图包含 3 个语句模块,按顺序自上而下先执行语句 1,其次执行语句 2,最后执行语句 3。常用的顺序结构语句有赋值语句、输入和输出语句等。

【了解】顺序结构

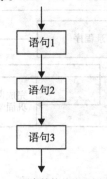

图 4.2 顺序结构的流程图

顺序结构代码示例如下:
chinese = eval(input("请输入语文成绩:"))

```
math = eval(input("请输入数学成绩:"))
avg = (chinese+math)/2
print("平均成绩为:{:2f}".format(avg))
```

4.3 分支结构

分支结构也称为条件判断结构或选择结构,它根据给定的条件进行判断,并根据判断的结果选择执行路径。在 Python 中,分支结构又分为单分支结构、双分支结构和多分支结构 3 种形式,分别使用不同的基本语法格式。

> **学习提示**
> 【掌握】单分支、双分支、多分支结构

4.3.1 单分支结构

在 Python 语言中,单分支结构的基本语法格式如下。
if <条件>:
　　<语句块>

Python 语言的单分支结构使用 if 保留字对条件进行判断,通过计算条件表达式得到 True 或 False,从而确定是否执行其后的语句块。当结果为 True 时,执行语句块;当结果为 False 时,则跳过语句块。

这里需要注意:
①语句块前含有缩进(一般是 4 个空格,且同一个语句块缩进需保持一致);
②条件后面要使用":",表示满足条件后接下来要执行的语句块;
③使用缩进划分语句块,相同缩进的语句(一条或多条)在一起组成一个语句块。

单分支结构的流程图如图 4.3 所示。

图 4.3　单分支结构的流程图

例如

```
#判断输入的数字是否为负数
x = eval(input("请输入一个数字:"))
if x < 0:
    print("{}是负数".format(x))
print("输入的数字是{}".format(x))
```

```
#运行程序
请输入一个数字:-1
-1 是负数
输入的数字是 -1
```

```
#运行程序
请输入一个数字:2
```

输入的数字是2

在此结构中,条件不局限于一个表达式,也可以是多个表达式。表达式之间根据逻辑关系采用保留字 and 或 or 连接。and 表示表达式与表达式之间有"与"的逻辑关系,or 则表示有"或"的逻辑关系。将保留字 not 放在表达式的前面,表示单个条件的"非"逻辑关系。

例如

```
#判断输入的数字的性质
x = eval(input("请输入一个数字:"))
if x > 0 and x % 2 == 0:
    print("{}是正数,又是偶数".format(x))
print("输入的数字是{}".format(x))

#运行程序
请输入一个数字:-1
输入的数字是 -1

#运行程序
请输入一个数字:2
2 是正数,又是偶数
输入的数字是 2
```

> **提示**
> 条件表达式可以用 >(大于)、<(小于)、==(等于)、!=(不等于)、>=(大于等于)、<=(小于等于)等运算符来表示其关系,一般条件可以用任何可以产生布尔值的表达式或语句等代替。

4.3.2 双分支结构

单分支结构仅在条件表达式的值为 True 时,指明具体要执行什么语句,而当条件表达式的值为 False 时,则未做说明。如果条件表达式的值为 False 时,也要求执行一段特定的代码,则可以使用双分支结构实现。双分支结构的基本语法格式如下:

if <条件>:
    <语句块 1>
else:
    <语句块 2>

Python 的双分支结构使用 if、else 保留字对条件进行判断,通过计算条件表达式得到 True 或 False,从而确定执行哪一部分语句块。若结果为 True,则执行语句块 1;若结果为 False,则执行语句块 2。简而言之,就是中文含义的"如果……则……否则……"。

这里需要注意:语句块前有缩进,其中语句块 1 前的缩进表示"if"包含其后的语句块 1,语句块 2 前的缩进表示"else"包含其后的语句块 2。双分支结构的流程图如图 4.4 所示。

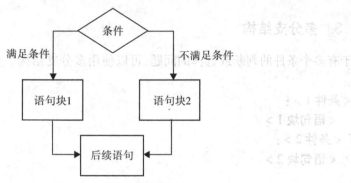

图 4.4 双分支结构的流程图

例如

```
#判断输入的数字的性质
x = eval(input("请输入一个整数:"))
if x % 2 == 0:
    print("{}是偶数。".format(x))
else:
    print("{}是奇数。".format(x))

#运行程序
请输入一个整数:2
2 是偶数。

#运行程序
请输入一个整数:3
3 是奇数。
```

双分支结构还有一种紧凑形式,其语法格式如下。

<表达式 1> if <条件> else <表达式 2>

此种紧凑形式的条件只支持表达式,而不支持语句。

例如

```
#判断输入的数字的性质
x = eval(input("请输入一个数字:"))
y = "" if x % 2 == 0 else "不"
print("{}是偶数。".format(y))

#运行程序
请输入一个数字:2
是偶数。

#运行程序
请输入一个数字:3
不是偶数。
```

> 提示
>
> 在编写条件表达式时,一定要注意表达式和语句的区别。例如,1+1 是表达式,而 x = 1 + 1 则是语句。

4.3.3 多分支结构

对于有多个条件的判断或选择的问题,可以使用多分支结构。多分支结构的基本语法格式如下:

  if ＜条件1＞:
    ＜语句块1＞
  elif ＜条件2＞:
    ＜语句块2＞
  ...
  else:
    ＜语句块N＞

Python 的多分支结构使用 if、elif、else 保留字依次对给定的条件表达式进行判断。如果条件表达式的值为 True,则执行该条件后面的语句块。如果有多个条件表达式的值为 True,程序只执行第一个条件表达式值为 True 的语句块,其他的都不执行。如果条件表达式的值都为 False,并且有 else 语句,则执行 else 下面的语句块,否则都不执行。多分支结构的流程图如图 4.5 所示。

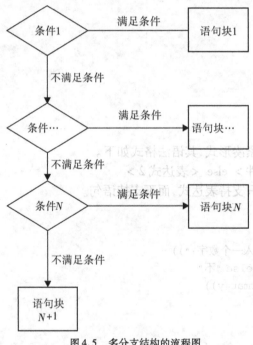

图 4.5 多分支结构的流程图

例如

```
x = eval(input("请输入一个数据:"))
if type(x) == type("2.0"):
    print("此数据为字符串。")
elif type(x) == type(2.0):
    print("此数据为浮点数。")
elif type(x) == type(2):
```

```
        print("此数据为整数。")
    else:
        print("无法判断数据类型。")
```

#运行程序
请输入一个数据:'x'
此数据为字符串。

#运行程序
请输入一个数据:1
此数据为整数。

#运行程序
请输入一个数据:[1,2]
无法判断数据类型。

请思考 利用多分支结构编写代码时,一定要注意多个逻辑条件的先后顺序。尝试运行下面的程序,思考为什么会出现问题?如何解决该问题?

```
#评定学生成绩等级
grade = eval(input("请输入学生成绩:"))
if grade >=60:
    print("该学生成绩及格。")
elif grade >=70:
    print("该学生成绩一般。")
elif grade >=80:
    print("该学生成绩良好。")
elif grade >=90:
    print("该学生成绩优秀。")
else:
    print("该学生成绩不及格。")
```

真题演练

【例】用键盘输入数字5,以下代码的输出结果是(　　)。
```
n = eval(input("请输入一个整数:"))
s = 0
if n >=5:
    n -= 1
    s = 4
if n <5:
    n -= 1
    s = 3
print(s)
```
A)4　　　　　　　B)3　　　　　　　C)0　　　　　　　D)2
【答案】B

【解析】输入 5，因为 n=5 满足第一个 if 条件，所以 n=n-1,n=4,s=4；由于现在 n=4，满足第二个 if 条件，所以执行 n=n-1,n=3,s=3。print(s)，输出 3。

4.4 循环结构

在分支结构中，虽然可以产生多个分支，但是每次只能针对其中一个分支执行一次。计算机之所以能够在短时间内快速地完成上亿条语句的执行，主要靠的是循环结构。所谓循环就是指让计算机不断地运行某一语句块，直到指定条件不满足为止。例如，计算 1000 以内所有正整数之和，就要求计算机在遵循某个特定条件的前提下反复做加法。为了解决此类循环问题，Python 语言提供了两种循环结构：遍历循环和无限循环。

遍历循环从头到尾依次从组合数据类型中获取元素并执行下方语句块，因为其遍历获取元素，所以被称作遍历循环。遍历循环的执行次数由组合数据类型中的元素个数决定。

无限循环依据条件表达式的值执行语句块，当条件表达式的值为 True，执行语句块；当条件表达式的值为 False，退出循环。无限循环的执行次数由条件表达式的值决定，因为条件表达式的值可以一直为 True，其可以无限次循环，所以被称作无限循环。

4.4.1 遍历循环

在 Python 语言中，通过 for 保留字实现遍历循环，可以遍历任何序列的元素，如字符串、列表、元组、字典、数字序列和文件等的元素。

遍历循环的基本语法格式如下。

    for <循环变量> in <遍历结构>：
        <语句块>

由于遍历循环从序列对象（遍历结构）中逐个取出元素赋值给循环变量，因此循环变量的值每次遍历都会发生变化。每取出一个元素，执行一次语句块，循环执行次数由取出元素的次数决定。遍历循环的流程图如图 4.6 所示。

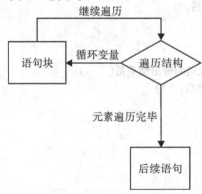

图 4.6 遍历循环的流程图

遍历循环可以逐一遍历字符串中的每个字符。

例如

#取出名字中的每个字母

```
for name in "David":
    print(name)

#运行程序
D
a
v
i
d
```

遍历循环可以逐一遍历列表的每个元素。

例如

```
#取出列表中的每个元素
names = ['Tom', 'Lily', 'Rose']
for name in names:
    print(name)

#运行程序
Tom
Lily
Rose
```

遍历循环可以遍历数字序列。例如，计算 10 以内所有正整数之和。

例如

```
#计算 10 以内所有正整数之和
sum = 0
for i in (1, 2, 3, 4, 5, 6, 7, 8, 9):
    sum += i
print('sum',sum)

#运行程序
sum 45
```

如果想简化上述代码，可以使用 Python 内置的 range() 函数，从而指定语句块的循环次数，并且 range() 函数相当于制造了一个有序序列。

例如

```
#计算 10 以内所有正整数之和
sum = 0
for i in range(10):
    sum += i
print('sum',sum)

#运行程序
sum 45
```

> 提示
> range(10) 代表 range(0,10)，是一个 0~9 的序列，这与字符串的切片类似，即范围不包括上边界。range() 函数还可以指定范围和步长。

遍历循环中可以有 else 语句,当穷举遍历结构中的元素后,程序会继续执行 else 语句中的内容。else 语句只在循环正常执行之后才被执行,而在循环被 break 终止时不执行。因此,可以在 else 语句中放置对循环结果进行描述的语句。

例如

```
#计算10以内所有正整数之和
sum = 0
for i in range(10):
    sum += i
    print("sum {}".format(sum))
else:
    print("循环正常结束")
```

4.4.2 无限循环

可以在 Python 语言中通过 while 保留字实现无限循环。无限循环的基本语法格式如下。
while <条件>:
　　<语句块>

在无限循环中,通过计算条件表达式得到 True 或 False,从而确定是否执行其后的语句块。当条件表达式的值为 True 时,执行语句块,执行结束后返回条件再次判断;当条件表达式的值为 False 时,跳出 while 循环,执行后续语句。无限循环的流程图如图 4.7 所示。

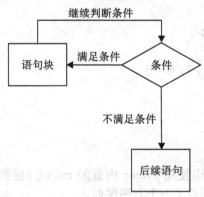

图 4.7　无限循环的流程图

4.4.1 小节中使用遍历循环计算 10 以内正整数之和的问题也可以使用无限循环实现。

例如

```
#计算10以内所有正整数之和
sum = i = 0
while i < 10:
    sum += i
    i += 1
print('sum',sum)
```

同遍历循环一样,无限循环中也可以有 else 语句。当循环正常结束后,程序会继续执行 else 语句中的内容。

例如

```
#提取英文名字中的每个字母
name, i = "David", 0
while i < len(name) :
    print('第{}个字母为{}'.format(i + 1, name[i]))
    i +=1
else:
    print("循环正常结束")

#运行程序
第1个字母为D
第2个字母为a
第3个字母为v
第4个字母为i
第5个字母为d
循环正常结束
```

提示

无限循环的条件可以是保留字 True 或 False。如果是 True，则执行语句块；如果是 False，则终止循环。

4.4.3 循环控制

在 Python 语言中，可以通过 break 和 continue 保留字实现辅助循环控制，它们只能在循环内部使用，作用范围只限于离它们最近的一层循环。

break 的作用是跳出当前循环(离得最近的循环)并结束本层循环，继续执行后续代码。

例如

```
#①当 for 循环取出的字母为 e 时退出
for letter in "apple":
    if letter == "e":
        break
    print("当前字母为 :", letter)
else:
    print("循环正常结束")

#运行程序
当前字母为 : a
当前字母为 : p
当前字母为 : p
当前字母为 : l

#②当 while 循环使变量值为 5 时退出
var = 0
while var < 10:
    print ('当前变量值为 :', var)
    var += 1
```

```
        if var == 5:
            break
print ("Good bye!")

#运行程序
当前变量值为：0
当前变量值为：1
当前变量值为：2
当前变量值为：3
当前变量值为：4
Good bye!

#无限循环的条件为保留字 True
while True:
    letter = input("请输入一个单词(按 Q 退出):")
    if letter == "Q":
        print("退出 while 循环!")
        break #退出 while 循环
    for x in letter:
        if x == "e":
            print("退出 for 循环,但不退出 while 循环!")
            break #退出 for 循环,但不退出 while 循环
        print(x)
print("退出程序!")

#运行程序
请输入一个单词(按 Q 退出):apple
a
p
p
l
退出 for 循环,但不退出 while 循环!
请输入一个单词(按 Q 退出):Q
退出 while 循环!
退出程序!
```

continue 的作用为结束本次循环,也就是跳过语句块中尚未执行的语句。执行 continue 语句后,while 循环会继续判断循环条件,而 for 循环会继续遍历循环结构。

例如

```
while True:
    letter = input("请输入一个单词(按 Q 退出):")
    if letter == "Q":
        print("退出 while 循环!")
        break #退出 while 循环
    for x in letter:
        if x == "e":
```

```
            print("退出此次循环,继续遍历!")
            continue #退出 for 循环,继续遍历剩下的单词字母
        print(x)
print("退出程序!")

#运行程序
请输入一个单词(按 Q 退出):electronic
退出此次循环,继续遍历!
l
退出此次循环,继续遍历!
c
t
r
o
n
i
c
请输入一个单词(按 Q 退出):Q
退出 while 循环!
退出程序!
```

> **提示**
> continue 语句只会结束本次循环,而不会终止循环的执行;break 语句则会终止整个循环的执行。

真题演练

【例1】以下代码的输出结果是(　　)。
```
for s in "PythonNCRE":
    if s == "N":
        break
    print(s, end = "")
```
A)PythonCRE　　　B)N　　　C)Python　　　D)PythonNCRE

【答案】C

【解析】for 循环将字符串"PythonNCRE"的字符依次赋给变量 s,当 s == "N"时,跳出 for 循环,故输出为 Python。本题选 C 选项。

【例2】以下程序中,while 循环的循环次数是(　　)。
```
i = 0
while i < 10:
    if i < 1:
        print("Python")
        continue
    if i == 5:
        print("World!")
        break
    i += 1
```
A)10　　　B)5　　　C)4　　　D)死循环,不能确定

【答案】D

【解析】while 循环的判断条件为真时,进入循环体,为假时,直接执行与 while 同级的代码。初始值为 i = 0,进入循环体之后,因为 i < 1,执行 continue 语句跳出本次循环,进入下一循环。i 的值始终为 0,故程序为死循环。本题选择 D 选项。

4.5 特殊的异常处理结构

异常是指在程序执行的过程中发生的事件,其会影响程序的正常执行。在 Python 中,异常是表示错误的对象,可对它进行操作。若程序在编译或运行过程中发生错误,程序的执行过程就会发生改变,并且抛出异常对象,程序流进入异常处理。如果异常对象没有被捕获或处理,程序会终止执行。

学习提示

【掌握】try - except 异常处理结构

4.5.1 try - except

在 Python 语言中,通过 try 和 except 保留字实现异常处理。异常处理的基本语法格式如下。

try:
  <语句块 1>
except:
  <语句块 2>

执行 try 之后的语句块 1,如果引发异常,则执行过程会跳到 except 之后的语句块 2。

例如

```
try:
    x = 1
    y = 0
    print(x / y)
except:
    print("出错啦!!!")
```

x/y 做除法运算,而之前对 x 和 y 的赋值,使 x/y 产生了"1/0"的情况。Python 语言不支持除数为零的运算,"x/y"会引发异常。所以程序会跳转到 except,执行其后的 print("出错啦!!!")语句

异常处理程序也可以处理特定类型的异常。例如,在 except 后添加异常类型,则仅处理指定类型的异常。还可以添加多个 except 处理额外类型的异常。程序允许捕获异常的 except 数量没有限制。

例如

```
try:
    x = 1
    y = 0
    print(x / y)
except ZeroDivisionError:
    print("除数为零,产生了除零错误!")
```

```
except:
    print("产生了未知错误!")
```

4.5.2 try - except - else

同分支结构一样,在 try – except 语句后也可以加 else 子句,其基本语法格式如下。

```
try:
    <语句块 1>
except:
    <语句块 2>
else:
    <语句块 3>
```

如果在执行 try 之后的语句块 1 时没有引发异常,程序将执行 else 之后的语句块 3。

例如

```
x = 1
y = 0
try:
    z = x / y
    print(z)
except:
    print(x)
else:
    print("no error")
```

此程序中,z = x / y 语句引发异常,执行 except 后的 print(x)语句,输出 1。

```
x = 0
y = 1
try:
    z = x / y
    print(z)
except:
    print(x)
else:
    print("no error")
```

此程序中,z = x / y 语句未引发异常,执行语句 print(z)后执行 else 子句后的 print("no error"),返回 0.0 及 no error。

4.5.3 try - except - else - finally

在 Python 语言中,也可以使用 try – except – else – finally 语句处理异常,其基本语法格式如下。

```
try:
    <语句块 1>
except:
    <语句块 2>
```

```
    else:
        <语句块 3>
finally:
        <语句块 4>
```
该语句首先执行 try 之后的语句块 1，无论是否引发异常，都会执行 finally 之后的语句块 4。

例如

```
try:
    raise
except:
    print("Error!")
else:
    print("No error!")
finally:
    print("Success!")
```

在此例中，由于 try 之后的 raise 语句引发了异常，程序便会执行 except 之后的 print("Error!")语句，最后执行 finally 之后的 print("Success!")语句，输出 Error! 及 Success!。

例如

```
try:
    print("No error!")
except:
    print("Error")
else:
    print("No error!")
finally:
    print("Success!")
```

在此例中，try 之后的 print("No error!")语句未引发异常，所以程序先执行 else 之后的 print("No error!")语句，最后执行之后的 print("Success!")语句，运行程序后，输出 No error!、No error! 及 Success!。

这种形式的异常处理经常用于文件的读写操作，如打开一个文件进行读写操作，在此操作过程中不管是否引发异常，最终都需要关闭文件。

4.6 上机实践——登录程序

在日常生活中有很多应用程序，这些程序虽然功能不同，但是基本都包含一个重要功能：登录（用户名、密码验证）。下面提供一种基本的用户名、密码验证 Python 程序。程序内部设置账号为"xuesheng"，密码为"110110"。

```
n = 0
while n < 3:
    username = input("请您输入用户名:")
    password = str(input("请您输入密码:"))
    if username == 'xuesheng' and password == '110110':
        print("密码正确,欢迎!!")
```

```
            break
        else:
            n = n + 1
            print("sorry,您的输入有误!!")
            continue
    else:
        print("你输错了 3 次,登录失败。")
```

分析程序：
```
username = input("请您输入用户名:") #输入用户名和密码
password = str(input("请您输入密码:"))
n = n + 1 #当输入有误时,变量累加,
```

while 循环为外框架,如果密码连续输错 3 次,将跳出循环,并输出结果"你输错了 3 次,登录失败。"

```
n = 0
while n < 3:
    pass
else:
    print("你输错了 3 次,登录失败。")
```

如果密码以及用户名都输入正确,那么输出"密码正确,欢迎!!",并使用 break 语句跳出 while 循环;如果用户名或者密码不正确,那么累加变量 n,统计输入错误次数,输出"sorry,您的输入有误!!",执行 continue 语句继续 while 循环。

```
if username == 'xuesheng' and password == '110110':
    print("密码正确,欢迎!!")
    break
else:
    n = n + 1
    print("sorry,您的输入有误!!")
    continue
```

课后总复习

1. 在 Python 中,非法的语句是(　　)。
   A)x =+ y   B)x += y   C)x = y = 1   D)x,y = 1,1
2. 以下选项的运行结果为 False 的是(　　)。
   A)"3,2,1" > "1,2,3"   B)3 > 2 > 1
   C)(3,2,1) > (1,2,3)   D)"A" > "a"
3. 以下选项的代码,执行后返回结果不是 1,2,3 的是(　　)。
   A)for i in range(3):   B)for i in range(3):
       　print(i)   　print(i + 1)
   C)List = [1,2,3]   D)i = 1
       for i in List   while i <= 3:
           print(i)   print(i)
                                                      i += 1

4. 以下选项不能进行条件逻辑操作的是(　　)。
   A) and   B) or   C) ==   D) ><
5. 关于分支结构的描述,以下选项中错误的是(　　)。
   A) Python 语言的分支结构使用 if 保留字
   B) Python 语言的 if – else 语句用于形成双分支结构
   C) Python 语言的 if – elif – else 语句用于形成多分支结构
   D) Python 语言的分支结构可以向已经执行过的语句跳转
6. 关于循环控制的描述,以下选项中正确的是(　　)。
   A) continue 语句的作用是结束整个循环的执行
   B) 只能在循环体内部使用 break 语句
   C) 在循环体内部使用 break 语句或 continue 语句的作用相同
   D) 从多层循环嵌套中退出时,只能使用 goto 语句
7. 关于 Python 语言异常处理的描述,以下选项中错误的是(　　)。
   A) 程序引发异常后,经过妥善处理就可以继续执行
   B) try、except 和 finally 保留字可以配合使用
   C) 编程语言中的异常和错误是完全相同的概念
   D) 如果有 finally 语句,不管有没有异常发生,它都要执行
8. 关于各种功能结构的描述,以下选项中错误的是(　　)。
   A) 在多分支结构中,程序将执行全部 <条件> 表达式值为 True 的 <语句块>
   B) for 循环中,当穷尽遍历结构中的元素后,程序会继续执行 else 语句中的内容
   C) 异常处理结构中,当执行 try 之后语句块时引发异常,程序将执行 except 之后的语句块
   D) 异常处理结构中,如果有 finally 语句,不管有没有异常发生,它都要执行
9. 编写代码,输出 1~100 的所有素数。
10. 编写代码,获得用户输入的一个三角形的 3 条边长,计算三角形周长。

第 5 章

组合数据类型

章前导读

通过本章,你可以学习到:

- 列表的概念和操作方法
- 元组的概念和操作函数
- 字典的概念和操作方法
- 集合的概念和操作方法

本章评估	
重要度	★★★★
知识类型	理论+实践
考核类型	选择题+应用题
所占分值	约20分
学习时间	4课时

学习点拨

了解列表的基本概念;掌握列表的操作方法;了解元组的基本概念;掌握元组的操作函数;熟悉映射类型的键值对概念;了解字典值的获取;掌握字典的操作方法;了解集合的基本概念;掌握集合的运算;掌握集合的基本操作。

本章学习流程图

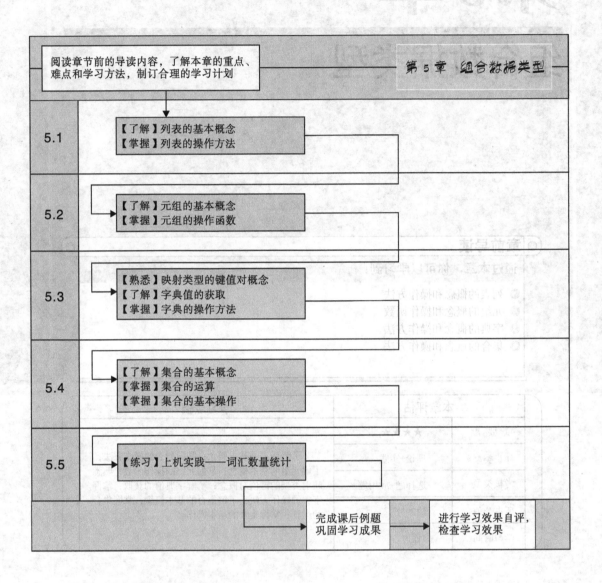

5.1 列表

列表属于组合数据类型,组合数据类型还包括字符串、元组、字典和集合。字符串也是最常用的基本数据类型之一,已在第3章中介绍了,同时字符串、列表和元组又被称作序列类型。序列类型最显著的特点之一就是可以进行索引、切片,因为序列类型的元素是按顺序排好的。本章将对列表、元组、字典和集合进行详细的介绍。

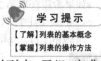

【了解】列表的基本概念
【掌握】列表的操作方法

5.1.1 列表的基本概念

列表由按特定序列排列的元素组成。列表中的元素可以是任意类型,元素之间无任何关系,可以执行增加、删除、替换、查找等操作。列表无须预先定义大小。

在Python中,用方括号([ ])表示列表类型,列表中的元素用逗号分隔。下面我们看一个简单的例子:

```
names = ['Wang','Li','Zhang',1234]
print(names)
```

```
#运行程序
['Wang', 'Li', 'Zhang', 1234]
```

一般来说,列表名最好能描述列表的内容,这样便于代码的维护,提升代码的可读性。在本例中,列表的前3个元素为字符串类型,表示3个姓名,最后一个元素为数字类型,程序并不会报错,因为列表中允许存在不同数据类型的元素。

5.1.2 列表的索引

对列表元素的访问需通过索引完成。列表是一个有序集合,因此列表中的各元素都有其特定的位置,我们称该位置为它的索引。与大多数编程语言一样,Python列表中第一个元素的索引号为0,其后每个元素的索引号递增1。例如,要获取names列表中的第2个元素,可以通过names[1]来得到。

```
names = ['Wang','Li','Zhang',1234]
print(names[1])
```

```
#运行程序
Li
```

注意,5.1.1节中输出结果是含有方括号的,原因是它直接输出整个列表。本例直接输出列表中的具体元素,因此直接得到的是该元素的值。如果想直接获取列表中倒数第1个元素的值,可以通过Python特有的索引号"-1"来得到,类似地,如果想获取列表的倒数第2个元素的值,可以通过索引号"-2"得到,并以此类推,可以获取列表倒数第3,4,…,N个元素的值。此索引操作与字符串的索引操作类似,可以使用正向索引,也可使用逆向索引。

5.1.3 列表的切片

在Python中,可以对一个列表进行切片操作,具体操作和字符串的相同。切片用于获得列表的某段元素,即获得0个、1个或多个元素。列表切片的基本语法格式是使用冒号连接起始点和终点,但不包含终点元素。切片的结果也是列表。

例如

```
ls = [12,23,45,67,88,323,1234]
#如果希望获取第1个元素12至第3个元素45之间的切片,可以使用如下代码:
nums = ls[0:3]
```

列表的切片也可包含第3个参数——步长。

例如

```
#获取列表第1个元素到第5个元素的切片,获取元素的步长为2
nums = ls[0:5:2]
print(nums)

#运行程序
[12, 45, 88]
```

如果希望从列表的某一个索引位置开始切片至终点,可以省略冒号右边的值。

例如

```
ls = [12,23,45,67,88,323,1234]
nums = ls[0:]
print(nums)

#运行程序
[12, 23, 45, 67, 88, 323, 1234]
```

5.1.4 列表的操作函数

列表对象有一些通用的操作函数,可以实现对列表的整体操作。Python 中,列表的常见操作函数如表 5.1 所示。使用列表的操作函数时,列表对象通常作为操作函数的参数出现。

表5.1 列表的常见操作函数

函数	描述
len()	返回列表中的元素个数
min()	返回列表中的最小元素
max()	返回列表中的最大元素
list()	将一个序列转换为列表

1. len() 函数

基本语法格式:len(ls)。
功能:返回列表中的元素个数。
参数:ls 为一个列表对象。

例如

```
ls = ['A','B','C','D']
print(len(ls))

#运行程序
4
```

2. min( )函数

基本语法格式:min(ls)。

功能:返回列表中最小的元素。

参数:ls 为一个列表对象,且对象中的元素可以进行大小比较。

例如

```
ls = [37,56,2,5,12]
print(min(ls))

#运行程序
2
```

3. max( )函数

基本语法格式:max(ls)。

功能:返回列表中最大的元素。

参数:ls 为一个列表对象,且对象中的元素可以进行大小比较。

例如

```
ls = ['100','ac','db','px']
print(max(ls))

#运行程序
px
```

值得注意的是,列表内的元素类型需一致且可以进行大小比较,否则程序运行时会报错。

例如

```
ls = [100,'ac','db','px']
print(max(ls))

#运行程序
TypeError: '>' not supported between instances of 'str' and 'int'
```

4. list( )函数

基本语法格式:list(seq)。

功能:将 seq 转换为列表。

参数:seq 为组合数据类型。

例如

```
str = "abcdefg"
ls = list(str)
print(ls)

#运行程序
['a', 'b', 'c', 'd', 'e', 'f', 'g']
```

5.1.5 列表的操作方法

5.1.4 小节介绍的是列表作为参数时的整体操作函数,本节将对列表对象自身的操作方法进行逐一介绍,列表常用的操作方法如表 5.2 所示。

表5.2 列表常用的操作方法

方法	描述
append( )	在列表的末端添加新的元素
count( )	统计元素在列表中出现的次数
clear( )	清除列表中的元素
extend( )	在列表末尾一次性追加另一个序列中的多个值
insert( )	将元素插入列表的指定索引位置处
index( )	从列表中找到第一个匹配项的索引位置
pop( )	从列表中移除一个元素并返回该元素的值
remove( )	移除列表中的第一个匹配项
reverse( )	将列表中的元素反转
copy( )	对原列表进行复制,生成一个新列表

1. append( )方法

基本语法格式:list.append(a)。

功能:在列表的末端添加新的元素 a。

参数:a 为添加到尾部的元素。

例如

```
ls = [1,2,3,4,5]
ls.append(6)
print(ls)
```

#运行程序
[1, 2, 3, 4, 5, 6]

2. count( )方法

基本语法格式:list.count(a)。

功能:统计元素 a 在列表中出现的次数。

参数:a 为列表统计的元素。

例如

```
ls = ['a','c','c','a','t','g']
num = ls.count('c')
print(num)
```

#运行程序
2

3. clear( )方法

基本语法格式:list.clear()。

功能:清除列表中的元素。

参数:无。

例如

```
ls = ['a','c','c','a','t','g']
ls.clear()
print(ls)
```

#运行程序

[ ]

4. extend( )方法

基本语法格式：list. extend(seq)。

功能：与 append( )方法不同的是，extend( )方法用于在列表末尾一次性追加另一个序列 seq 中的值。

参数：seq 为另一个序列。

例如

```
list1 = ['xyz', 'abc', 123]
list2 = ['abc', 1, 2, 3]
list1.extend(list2)
print(list1)


#运行结果
['xyz', 'abc', 123, 'abc', 1, 2, 3]
```

5. insert( )方法

基本语法格式：list. insert(index, a)。

功能：将 a 元素插入列表的指定索引位置 index 处。

参数：index 为索引位置；a 为要插入的元素。

例如

```
list = ['xyz', 'abc', 123]
list.insert(1,321)
print(list)

#运行程序
['xyz', 321, 'abc', 123]
```

6. index( )方法

基本语法格式：list. index(a, [start], [end])。

功能：从列表中找到第一个匹配项的索引位置。

参数：a 为要查找的对象，可选参数 start 和 end 为查找的起始和结束位置。

例如

```
list = ['xyz', 'abc', 123,321,'cab']
n = list.index(123)
print(n)


#运行程序
2
```

添加可选参数 start 和 end。

例如

```
list = ['xyz', 'abc', 123,321,'cab']
n = list.index(321,0,2)
print(n)

#运行程序
ValueError: 321 is not in list
```

7. pop( )方法

基本语法格式：list. pop(index)。

功能：从列表中移除一个元素并返回该元素的值。

参数：index 为可选参数，用于确定要移除的元素索引位置，默认值为 –1，即列表的最后一个元素。

例如

```
list = ['xyz', 'abc', 123,321,'cab']
list.pop(2)
print(list)
```

#运行程序

['xyz', 'abc', 321, 'cab']

8. remove( )方法

基本语法格式：list. remove(a)。

功能：与 pop( )不同的是，remove( )方法用于移除列表中参数 a 的第一个匹配项。

参数：a 表示列表中需要移除的元素。

例如

```
list = [123,'xyz', 'abc', 123,'cab']
list.remove(123)
print(list)
```

#运行程序

['xyz', 'abc', 123, 'cab']

9. reverse( )方法

基本语法格式：list. reverse( )。

功能：将列表中的元素反转。

参数：无。

例如

```
list = [1,2,3,4,5,6]
list.reverse()
print(list)
```

#运行程序

[6, 5, 4, 3, 2, 1]

10. copy( )方法

基本语法格式：list. copy( )。

功能：对原列表进行复制，生成一个新列表。

参数：无。

例如

```
list1 = [1,2,3,4,5,6]
list2 = list1.copy()
print(list2)

#运行程序
[1, 2, 3, 4, 5, 6]
```

需要注意，使用赋值语句也可以实现上述功能。

例如

```
list1 = [1,2,3,4,5,6]
list2 = list1
print(list2)
```

此程序使用赋值语句实现列表的复制，如果对 list1 进行操作，那么 list2 也会随之变化，原因在于 Python 语言中这种列表复制操作根本上只是为列表增加了一个别名，list1 和 list2 指向的地址是相同的。

例如

```
list1 = [1,2,3,4,5,6]
list2 = list1
list1.pop(3)          #删除索引值为 3 的元素
print(list2)

#运行程序
[1, 2, 3, 5, 6]
```

5.1.6 列表的操作符

列表也支持一些操作符运算，例如"+""+=""*"和"*="，运算规则与数字类型不同。数字类型是不可变数据类型，所以不管用什么操作符进行运算，其结果所指向的内存地址都会改变。列表类型是可变数据类型，当使用"+="和"*="操作符运算时，其结果指向的内存地址不会改变；而当使用"+"和"*"操作符运算时，其结果指向的内存地址会改变。

id( )函数可以返回变量所指向的内存地址，接下来将用 id( )函数举例说明数字类型和列表类型经过操作符运算过后内存地址的变化情况。

例如

```
>>>x = 3
>>>id(x)
8791256490704      #地址数值不恒定，读者得到的数值与此数值不同是正常现象，下同
>>>x += 2
>>>id(x)
8791256490768      #因为整数类型是不可变的数据类型，所以改变了数值，它所指向的内存地址也
                   会跟着改变，下同
>>>x = x + 2
>>>id(x)
8791256490832
```

下面是列表使用操作符时，内存地址的变化情况。

例如：
```
>>>ust =[1,2,3]
>>>id(ust)
31201288
>>>ust +=[4]
>>>id(ust)
31201288      #因为列表 1 是可变的数据类型,列表 1 添加元素时,ust 内存地址不变
>>>ust = ust +[5]
>>>id(ust)
36998792      #此处展示了"+="与"+"的不同之处,"+"相当于重新赋值,所以内存地址会变
>>>ust.append(6)
>>>id(ust)
36998792      #append()方法实现近似于"+=",所以内存地址不会改变
```

与操作符"+"和"+="的特性类似,操作符"*"和"*="也表示重新赋值与在原内存地址改变值。

```
>>> ust =[1,2,3]
>>> id(ust)
47034120
>>> ust * =2
>>> id(ust)
47034120
>>> ust = ust *3
>>> id(ust)
50547272
```

真题演练

【例1】以下代码的输出结果是(   )。
```
ls = [[1,2,3],'python',[[4,5,'ABC'],6],[7,8]]
print(ls[2][1])
```
A)'ABC'   B)p   C)4   D)6

【答案】D

【解析】列表索引序号从 0 开始,所以 ls[2][1]指的是列表中序号为 2 的元素中序号为 1 的元素,输出结果是 6。本题选择 D 选项。

【例2】以下代码的输出结果是(   )。
```
ls = ["2020", "1903", "Python"]
ls. append(2050)
ls. append([2020, "2020"])
print(ls)
```
A)['2020', '1903', 'Python', 2020, [2050, '2020']]
B)['2020', '1903', 'Python', 2020]
C)['2020', '1903', 'Python', 2050, [2020, '2020']]
D)['2020', '1903', 'Python', 2050, ['2020']]

【答案】C

【解析】要向列表中添加元素,可以使用 append()方法,添加的元素类型可以不同,可以是数字、字符串、列表等。要注意的是 append()方法不能同时添加多个元素。本题选择 C 选项。

5.2 元组

5.2.1 元组的基本概念

> **学习提示**
> 【了解】元组的基本概念
> 【掌握】元组的操作函数

列表中的数据是可以被修改的,然而,有时候需要一个序列中元素的值不可被修改,此时可以使用元组。

元组与列表相似,也是一种可以存储任意类型数据的组合数据类型,区别在于,元组是不可变的数据类型,而列表是可变的。元组的元素之间通过逗号(,)分隔,所有的元素包含在圆括号内。当元组只有一个元素的时候,逗号不可省略且在元素之后。

例如

```
tup1 = (1)
tup2 = (1,)
tup3 = (1,2,3)
print(tup1)
print(tup2)
print(tup3)
#运行程序
1
(1,)
(1, 2, 3)
```

可以看出,当元组只有一个元素时,如果省略逗号,Python 解释器将自动去除圆括号。

如果尝试修改元组中元素的值,系统将会提示错误信息。由此可见,元组中的值是不可以修改的。有些情况下,为了程序的安全性和稳定性,可以适当地构建元组来代替列表。

例如

```
tup = (255,234,129)
tup[2] =100

#运行程序
TypeError: 'tup' object does not support item assignment
```

元组与列表类似,是一种序列类型,可以对其中的内容进行切片以及索引等操作。

例如

```
tuple = (255,234,129,32,345,67)
print(tuple[1:3])
print(tuple[1])

#运行程序
(234, 129)
234
```

5.2.2 元组的特殊操作

虽然元组的元素值不能进行修改,但可以对元组整体进行赋值操作。

例如

```
>>> tup = (100,200,300)
>>> tup
(100,200,300)
>>> id(tup)
49519784
>>> tup = (10,20,30)
>>> tup
(10,20,30)
>>> id(tup)
49946768
>>> tup = (10,20,30)
>>> tup
(10,20,30)
>>> id(tup)
49926080
```

直接给元组变量整体赋值是合法的,因此 Python 不会出现错误提示。另外,也可以利用"+"操作符对元组执行连接操作。

例如

```
>>> t1 = (1,2,3)
>>> t2 = ('a','b','c')
>>> t3 = t1 + t2
>>> t3
(1, 2, 3, 'a', 'b', 'c')
```

当对元组进行整体删除操作时,需要使用保留字 del。

例如

```
>>> t = (1,2,3,4,5,6)
>>> del t
>>> t
NameError: name 't' is not defined
```

5.2.3 元组的操作函数

元组是一种与列表极其相似的组合数据类型。前文介绍了,元组是不可变的数据类型,列表是可变的数据类型,两者的操作基本类似,所以 Python 语言提供了操作列表的函数,同样也提供了操作元组的函数。

1. len( )函数

基本语法格式:len(t)。

功能:返回元组中元素的个数。

参数:t 为元组对象。

例如

```
s = (1,2,3)
l = len(s)
```

```
print(l)
```

#运行程序
3

2. min( )函数

基本语法格式:min(t)。
功能:返回元组中的最小元素。
参数:t 为元组对象。

例如

```
s = (1,2,3)
l = min(s)
print(l)
```

#运行程序
1

3. max( )函数

基本语法格式:max(t)。
功能:返回元组中的最大元素。
参数:t 为元组对象。

例如

```
s = (1,2,3)
l = max(s)
print(l)
```

#运行程序
3

4. tuple( )函数

基本语法格式:tuple(seq)。
功能:将 seq 转换为一个元组。
参数:seq 为要转换为元组的序列 。

例如

```
seq = [1,2,3,4,5]
x = tuple(seq)
print(x)
```

#运行程序
(1,2,3,4,5)

真题演练

【例1】关于 Python 元组类型,以下选项中描述错误的是(　　)。
A)元组不可以被修改
B)Python 中元组使用圆括号和逗号表示
C)元组中的元素要求是相同类型的

D)一个元组可以作为另一个元组的元素,可以采用多级索引获取信息
【答案】C
【解析】元组与列表类似,可存储不同类型的数据;元组是不可改变的,创建后不能再做任何修改操作。本题选择 C 选项。
【例2】以下关于元组的描述正确的是(   )。
A)元组和列表相似,所有能对列表进行的操作都可以对元组进行
B)创建元组时,若元组中仅包含一个元素,在这个元素后可以不添加逗号
C)元组中的元素不能被修改
D)多个元组不能进行连接
【答案】C
【解析】元组和列表相似,但并不是所有能对列表进行的操作都可以对元组进行,如可以对列表的元素进行修改,但对元组的元素则不可以;创建元组时,即使元组中仅包含一个元素,也要在这个元素后添加逗号;多个元组可以使用"＋"号进行连接。本题选择 C 选项。

5.3 字典

5.3.1 字典的基本概念

> **学习提示**
> 【熟悉】映射类型的键值对概念
> 【了解】字典值的获取
> 【掌握】字典的操作方法

字典也是一种可变的组合数据类型,与列表和元组的不同在于,字典是一种无序组合数据类型。字典通过键及其对应的值构成键值对来确定一个元素。键和值之间用冒号(:)分隔,每个键值对就是一个元素,且用逗号(,)分隔,整个字典包含在花括号({})内。

需要注意的是,在字典中,键不可重复,且只能是不可变的数据类型;值可以重复出现,且可以是任意数据类型。另外,字典是没有顺序的数据类型,所以在对字典进行输出操作时,出现的结果可能与创建时的顺序不一致。

例如

```
d = {1:'a','q':[1,2,3],(1,2):5}
print(d)
#运行程序
{1: 'a', 'q': [1, 2, 3], (1, 2): 5}    #此处顺序不恒定
```

5.3.2 字典值的获取

一般情况下,用户获取的都是字典的键。要想获取值,就得通过对应的键来实现,基本语法格式为 dic[key]。其中"dic"为字典对象,"key"为键值。

例如

```
staff = {1101:"Zhanghua",1102:"Wangmei",1104:"LiLei"}
print(staff)
print(staff[1101])

#运行程序
{1101: 'Zhanghua', 1102: 'Wangmei', 1104: 'LiLei'}
Zhanghua
```

> 提示
> 可以通过字典的get()方法来得到与某个键相关联的值,由于get()方法包含默认值,因此可以避免由于字典中没有指定的键而导致程序错误。具体用法详见5.3.4节。

也可以根据键来修改对应的值。若键不存在,则向字典中添加新的键值对;若键存在,则修改对应的值。

例如

```
staff = {1101:"Zhanghua",1102:"Wangmei",1104:"LiLei"}
staff[1101] = "Songdan"
staff[1103] = "Zhaoshan"
print(staff)
```

#运行程序
{1101: 'Songdan', 1102: 'Wangmei', 1104: 'LiLei', 1103: 'Zhaoshan'}

本例中第2行是对原有键值对的修改,第3行由于原有键值对中没有1103这个键,因此系统将在staff字典中新建一个键值对。

Python语言中可以使用del保留字删除字典元素或整个字典。

例如

```
Del staff[1102] #删除键为1102的键值对
Del staff #将整个staff字典删除
```

5.3.3 字典的操作函数

Python语言中包含一些内置函数可以完成对字典的操作。在内置函数中,字典一般作为函数的参数。

1. len( )函数

基本语法格式:len(dict)。
功能:计算字典中元素的个数,也可以认为计算键的个数。
参数:dict为字典。

例如

```
dict1 = {'Name': 'Wang', 'Age': 17, 'City':'SH'}
print(len(dict1))
```

#运行程序
3

2. str( )函数

基本语法格式:str(dict)。
功能:将字典转换为字符串,通常用于输出。
参数:dict为字典。

例如

```
dict1 = {'Name': 'Wang', 'Age': 17, 'City':'SH'}
print(str(dict1))
```

#运行程序

```
{'Name': 'Wang', 'Age': 17, 'City': 'SH'}
#此处为字符串,只是在输出的过程中去除了引号
```

3. type( )函数

基本语法格式:type(dict)。

功能:一个通用型函数,返回参数的数据类型。

参数:dict 为字典(也可以为任意数据类型)。

例如

```
dict1 = {1111:'Tian'}
print(type(dict1))

#运行程序
<class 'dict'>
```

5.3.4 字典的操作方法

字典包含了许多操作方法,用法上也与列表的基本一致。字典常用的操作方法如表 5.3 所示。

表 5.3 字典常用的操作方法

方法	描述
clear( )	直接清空所有键值对
copy( )	复制当前字典
keys( )	返回一个字典中的所有键
values( )	返回一个字典中的所有值
items( )	返回一个字典中的所有键值对
get( )	如果指定键存在,则返回对应的值;如果不存在,则返回 default 值
pop( )	如果指定键存在,则返回对应的值,并删除键值对;如果不存在,则返回 default 值
popitem( )	随机返回并删除字典中的一个键值对

1. clear( )方法

基本语法格式:dict.clear( )。

功能:直接清空所有键值对。

参数:无。

例如

```
dict1 = {1111:'Tian',2222:'GuGong'}
dict1.clear()
print(dict1)

#运行程序
{}#此时输出结果为空字典
```

2. copy( )方法

基本语法格式:dict.copy( )。

功能:复制当前字典。

参数:无。

例如

```
dict1 = {1111:'Tian',2222:'GuGong'}
dict2 = dict1.copy()
print(dict2)

#运行程序
{1111: 'Tian', 2222: 'GuGong'}
```

3. keys( )方法

基本语法格式：dict.keys( )。

功能：返回一个字典中的所有键。

参数：无。

例如

```
dict1 = {1111:'Tian',2222:'GuGong',3333:"ChangCheng"}
print(dict1.keys())

#运行程序
dict_keys([1111, 2222, 3333])
```

4. values( )方法

基本语法格式：dict.values( )。

功能：返回一个字典中的所有值。

参数：无。

例如

```
dict1 = {1111:'Tian',2222:'GuGong',3333:"ChangCheng"}
print(dict1.values())

#运行程序
dict_values(['Tian', 'GuGong', 'ChangCheng'])
```

5. items( )方法

基本语法格式：dict.items( )。

功能：返回一个字典中的所有键值对。

参数：无。

例如

```
dict1 = {1111:'Tian',2222:'GuGong',3333:"ChangCheng"}
print(dict1.items())

#运行程序
dict_items([(1111,'Tian'),(2222,'GuGong'),(3333,'ChangCheng')])
```

6. get( )方法

基本语法格式：dict.get(key,default)。

功能：如果指定键存在，则返回对应的值；如果不存在，则返回default值。

参数：key为键，default为没有键时的默认值。

例如

```
dict1 = {1111:'Tian',2222:'GuGong',3333:"ChangCheng"}
print(dict1.get(1111))
print(dict1)

#运行程序
Tian
{1111: 'Tian', 2222: 'GuGong', 3333: 'ChangCheng'}
```

请注意　这里 get()函数只获取键对应的值,并不会对其进行删除操作。

7. pop( )方法

基本语法格式:dict.pop(key,default)。
功能:如果指定键存在,则返回对应的值,并删除该键值对;如果不存在,则返回 default 值。
参数:key 为键值,default 为没有键时的默认值。

例如

```
dict1 = {1111:'Tian',2222:'GuGong',3333:"ChangCheng"}
print(dict1.pop(1111))
print(dict1)

#运行程序
Tian
{2222: 'GuGong', 3333: 'ChangCheng'}
```

请注意　这里由于使用 pop()方法,因此获取键对应的值的同时会对该键值对执行删除操作。

8. popitem( )方法

基本语法格式:dict.popitem()。
功能:随机返回并删除字典中的一个键值对。
参数:无。

例如

```
student = {1001:'mingming', 1002:'xiaoli',1003:'hongyue'}
print(student.popitem())
print(student)

#运行程序
(1003, 'hongyue')
{1001: 'mingming', 1002: 'xiaoli'}
```

真题演练

【例1】以下关于 Python 字典变量的定义中,正确的是(　　)。

A)d = {[1,2]:1, [3,4]:3}   B)d = {1:as, 2:sf}
C)d = {(1,2):1, (3,4):3}   D)d = {'python':1, [tea, cat]:2}

【答案】C

【解析】在 Python 中,字典是存储可变数量键值对的数据类型。通过字典实现映射,要求键必须是唯一的,必须是不可变数据类型,值可以是任何数据类型。A、D 两项错误。字典通过花括号{ }建立,每个元素是一个键值对,使用方式:{<键1>:<值1>,<键2>:<值2>,…,<键n>:<值n>}。其中,键和值通过冒号连接,不同键值对通过逗号隔开。字典的键值对之间没有顺序且不能重复。本题选择 C 选项。

【例2】下面的 d 是一个字典变量,能够输出数字 2 的语句是(　　)。
d = {'food':{'cake':1,'egg':5},'cake':2,'egg':3}
A)print(d['food']['egg'])
B)print(d['cake'])
C)print(d['food'][-1])
D)print(d['cake'][1])

【答案】B

【解析】在 Python 语言中,字典的值可以是任意数据类型,可以通过键索引值,也可以通过键修改值。因此,可以直接利用键值对关系索引元素。索引方式:<值> = <字典变量>[<键>]。故能够正确索引字典并输出数字 2 的语句是 print(d['cake'])。本题选择 B 选项。

5.4 集合

5.4.1 集合的基本概念

学习提示
【了解】集合的基本概念
【掌握】集合的运算
【掌握】集合的基本操作

集合也是一种组合数据类型,可以包含 0 个、1 个或多个元素,其中元素的存储是无序的,集合中不允许出现重复值。

集合本身是没有顺序且可变的数据类型,但是其中的元素需是不可变的,所以集合的元素一般为数字、字符串或元组。无序、不可重复、元素本身不可变这几种性质类似于字典键的性质的组合。集合元素之间用逗号分隔,所有的元素包含在花括号({ })内。

例如

```
colorSet = {'red','blue','green','yellow',255,255}
print(colorSet)

#运行程序
{'red', 'blue', 'yellow', 'green', 255}
#这里由于 255 出现了两次,因此集合默认将其中一个重复元素过滤掉
```

可以使用 set() 函数创建集合。

例如

```
s = set('abcdefg')
print(s)

#运行程序
{'e', 'g', 'c', 'b', 'f', 'd', 'a'}
```

5.4.2 集合的运算

集合之间也可以进行运算,它有4种运算操作符,如表5.4所示。

表5.4 集合的运算操作符

操作符	描述
a-b	返回集合a中存在而集合b中不存在的元素
a|b	返回集合a和集合b中的所有元素
a^b	返回集合a和集合b中的非共同元素
a&b	返回同时存在于集合a和集合b中的元素

例如

```
>>> a = set('abcdefg')
>>> b = set('aecth')
>>> a-b
{'f', 'g', 'b', 'd'}
>>> a&b
{'a', 'e', 'c'}
>>> a|b
{'e', 't', 'g', 'c', 'b', 'f', 'h', 'd', 'a'}
>>> a^b
{'h', 'g', 'b', 'f', 'd', 't'}
```

5.4.3 集合的基本操作

集合也有一些常见的基本操作,如表5.5所示。

表5.5 集合常见的基本操作

方法	描述
add()/update()	向集合中添加或更新元素
clear()	移除集合中的所有元素
remove()	移除集合中的指定元素
pop()	随机移除并返回集合中的一个元素
len()	返回集合的长度
in	判断某个元素是否在集合中

1. add()/update()方法

基本语法格式:s.add(e)/s.update(a)。

功能:向集合中添加或更新元素。

参数:e 为不可变的数据元素,s 为组合数据类型。

例如

```
>>> s = {1,2,3}
>>> s.add(3)
>>> s
```

```
{1,2,3}
>>>s.add(4)
>>>s
{1,2,3,4}
>>>s.update([3,4,5])
>>>s
{1, 2, 3, 4, 5}
```

请注意 由于集合元素是无序排列的,因此集合的输出顺序与定义时的顺序可以不一致。

2. clear( )方法

基本语法格式:s. clear( )。

功能:移除集合中的所有元素。

参数:无。

例如

```
>>> fNames.clear()
>>> fNames
set()
```

可以看出,即使集合中的元素都被移除,输出集合时也会提示当前数据的类型。

3. remove( )方法

基本语法格式:s. remove(e)。

功能:移除集合中的指定元素。

参数:e 为需要移除的元素。

例如

```
>>> fNames = {'Wang','Zhang','Li'}
>>> fNames.remove('Li')
>>> fNames
{'Wang', 'Zhang'}
```

4. pop( )方法

基本语法格式:s. pop( )。

功能:随机移除并返回集合中的一个元素。

参数:无。

例如

```
>>> fNames.pop()
'Wang'
>>> fNames
{'Zhang'}
```

5. len( )函数

基本语法格式:len(s)。

功能:len()是一个通用函数,一般用于返回组合数据类型的元素个数,此处用于返回集合的长度。

参数:s 为一个集合,或为任意组合数据类型。

例如

```
>>> s = {1,2,3,4}
>>> len(s)
4
>>> a = (1,2,3)
>>> len(a)
3
```

6. in 操作符

基本语法格式:a in s。

功能:判断某个元素是否在集合中。

参数:无。

例如

```
>>> colorSet = set(("Red","Yellow","Blue"))
>>> "Red" in colorSet
True
>>> "Green" in colorSet
False
```

5.5 上机实践——词汇数量统计

通过键盘输入一组汉语词汇并以空格分隔,输入内容共一行。

例如

中文 芒果 中文 中国 苹果 中国 北京 香蕉 安徽 中国 安徽 中国 中文

统计各词汇重复出现的次数,按次数的降序输出词汇及对应次数,以英文冒号分隔。输出格式如下:

中国:4
中文:3
安徽:2
北京:1
……

分析题目可知,需要获取通过键盘输入的词汇,并且统计词汇出现的次数,首先用 split() 方法分割词汇,将词汇分割之后,再对相同的词汇进行元素出现次数统计。

"元素出现次数统计"问题采用字典类型处理,即构成"元素:次数"的键值对。因此可以把输入的数据,构造成一个字典来存储。

创建字典变量 d,利用"d[键] = 值"方式为字典增加新的键值对。常用的对元素出现次数进行统计的语句如下所示:

```
d[x] = d.get(x,0) + 1
```

其作用是增加元素 x 键对应字典中的值。通过 get( )方法获得字典中 x 键对应的值,即 x 出现的次数。如果 x 不存在,则返回 0;存在,则返回值。

由于题目要求需要按照次数进行排序输出,而字典是无序的,因此需要把字典类型转换为列表类型。使用字典的 items( )方法返回包含所有键值对的项,使用 list( )函数把取出的内容重新构造成一个列表。列表中的每个元素都是一个键值对形式的元组。最后,使用 sort( )方法按照每个元组中序号为 1 的元素进行降序排列并输出。

由上述分析可知,程序分为 3 个模块:

第 1 个模块,通过键盘输入词汇,并对输入的词汇进行分隔。

```
txt = input("请输入汉语词汇(以空格分隔):")
a = txt.split(" ")
```

上述代码也可以由一行代码代替,代码如下:

```
a = input("请输入汉语词汇(以空格分隔):").split(" ")
```

第 2 个模块,对词汇进行频次统计。

```
d = {}
for x in a:
    d[x] = d.get(x,0) + 1
```

此模块先创建一个空字典,然后遍历 a 列表,将 a 中的元素通过字典的 get( )方法计数。

第 3 个模块,对字典中存储的值进行排序,然后按照题目要求输出到屏幕上。

```
ls = list(d.items())
ls.sort(key = lambda x:x[1], reverse = True)  # 按照次数排序
for k in ls:
    print("{}:{}".format(k[0], k[1]))
```

此模块首先利用字典的 items( )方法,将字典转化成一个 items 对象,然后用 list( )函数将此对象转化为列表,再采用列表的 sort( )方法对列表进行排序,得到了一个按照次数顺序的列表,此时列表的格式框架如下。

[('词汇',次数),('词汇',次数),……]

最后通过遍历利用字符串的 format( )方法将列表中的元素按照题目要求的格式输出。整体程序如下。

```
txt = input("请输入汉语词汇(以空格分隔):")
a = txt.split(" ")
d = {}
for x in a:
    d[x] = d.get(x,0) + 1
ls = list(d.items())
ls.sort(key = lambda x:x[1], reverse = True)  # 按照次数排序
for k in ls:
    print("{}:{}".format(k[0], k[1]))
```

课后总复习

1. 以下关于 Python 列表的描述中,正确的是(   )。
   A) 列表的长度和内容都可以随意指定,但元素类型必须相同
   B) 不可以对列表进行元素运算操作、长度计算和切片
   C) 列表的索引是从 1 开始的
   D) 可以使用比较运算符对列表进行比较

2. 以下关于 Python 字典的描述中,错误的是(   )。
   A) Python 通过字典来实现映射,通过整数索引来查找其中的元素
   B) 在定义字典对象时,键和值用冒号连接
   C) 字典中的键值对之间没有顺序并且不能重复
   D) 字典中引用与特定键对应的值,用字典名称和方括号中包含键名的格式

3. 以下用来处理 Python 字典的方法中,正确的是(   )。
   A) interleave   B) get   C) insert   D) replace

4. 以下代码的输出结果是(   )。
   ```
   d = {'color':{'red':1,'blue':2}}
   print(d.get('blue','green'))
   ```
   A) blue   B) red   C) 2   D) green

5. 以下描述中,错误的是(   )。
   A) Python 语言通过索引来访问列表中的元素,索引可以是负整数
   B) 列表用方括号来定义,继承了序列类型的所有属性和方法
   C) Python 列表是各种类型数据的集合,列表中的元素不能够被修改
   D) Python 语言的列表类型能够包含其他的组合数据类型

6. 以下代码的输出结果是(   )。
   ```
   a = 'Pame'
   for i in range(len(a)):
       print(a[-i],end="")
   ```
   A) Pame   B) emaP   C) ameP   D) Pema

7. 现有一个集合{10,3,4,23,43,12,5,33,19,38},请编写程序将所有大于等于 20 的值保存在字典的第一个键 key1 的值中,将小于 20 的值保存在第二个键 key2 的值中。

第6章
文　件

章前导读

通过本章，你可以学习到：

- 文件的基本概念
- 文件的打开和关闭
- 文件的读取和写入
- 一维数据和二维数据的表示和存储
- 异常处理
- 常用的文件内置函数

本章评估	
重 要 度	★★★★
知识类型	理论+实践
考核类型	选择题+操作题
所占分值	约30分
学习时间	4课时

学习点拨

了解文件的基本概念；掌握文件的打开和关闭；掌握文件的读取和写入；了解文件操作方法；了解数据维度；掌握一维、二维数据的处理；掌握处理文件的异常。

本章学习流程图

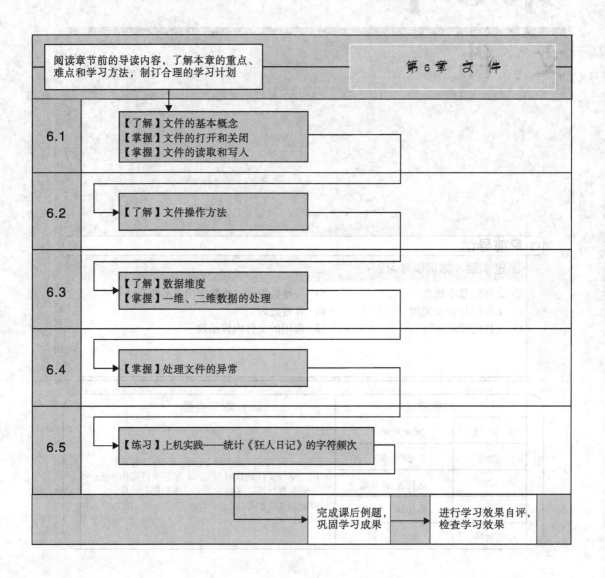

6.1 文件的基本概念

前文介绍了列表、元组等组合数据类型,它们虽能存储大量的数据,但是在程序结束时,数据就会被清空。因此需要一种可以将数据永久保存下来的方式,这也是一种特殊的数据类型——文件。Python 程序通过操作文件,可以将数据永久保存下来,也可以通过读取文件来获得大量的数据信息。因此通过文件来读取数据和写入数据将使程序的使用更加便捷,也使程序的可扩展性得到大幅提高。

> **学习提示**
> 【了解】文件的基本概念
> 【掌握】文件的打开和关闭
> 【掌握】文件的读取和写入

6.1.1 文件类型

按照文件不同的编码方式,可以将文件分为文本文件和二进制文件。文本文件是由一组特定编码的字符构成的文件,可以看作存储在硬盘上的长字符串,如文本文档(.txt)、Word 文档(.docx)等。此种类型的文件通常可以由某种文本编辑器对内容进行识别、处理、修改等操作。二进制文件由二进制数"0"和"1"构成,如图形文件、音频文件等,此种类型的文件没有统一的字符编码,因此只能以字节流方式打开。

6.1.2 文件的打开和关闭

Python 语言中,当读取或写入文件时,需要先打开文件;完成相应读写操作后,还需要关闭文件,以便释放与文件绑定的资源。文件使用完毕,必须关闭,因为当某个进程对文件进行操作时,文件就被该进程占用。只有当该进程关闭文件后才可释放对文件的占用,此时,其他进程才可以对该文件进行读写操作。

请注意 如果使用 with 保留字打开文件,即使没有在代码中写关闭语句,Python 也会在合适的时候自动将其关闭。

例如
```
with open('1.txt') as f:
    print(f.read())
```
在本书中对 with 用法不做具体讲解,读者只需了解即可。

Python 语言中,可以使用 open() 函数打开文件。此函数返回一个文件对象,此对象也可称为句柄。由 open() 函数将句柄返回给变量(如 f),此时变量便作为当前的句柄,使用句柄可以执行相关读写操作(如 f.read() 读取文件所有内容)。

例如
```
>>> f = open("test.txt") # 以相对路径打开 test 文件
>>> f = open("C:/Python/test.txt") # 以绝对路径打开 test 文件
```

请注意 相对路径一般写法:(1)../ 表示当前文件所在的目录的上一级目录;
(2)./ 表示当前文件所在的目录(可以省略)。

在打开文件时还可以指定打开模式(可选),其中模式"r"表示读取,模式"w"表示写入,模式"a"表示文件追加写入,模式"t"表示文本文件模式,模式"b"表示二进制文件模式等。默认情况下以文本文件模式打开文件,此时从文件中读取的数据会被转化为字符串。处理非文本文件(如图形或音视频文件)时使用二进制文件模式。使用 open()函数打开文件的几种模式如表 6.1 所示。加入模式后的 open()语句的基本语法格式如下。

<变量名> = open(文件名,[打开模式])

表 6.1 使用 open()函数打开文件的模式

模式	含义
r	以只读方式打开一个文件,为 open()的默认模式
w	打开一个文件进行写入。如果文件不存在,则创建新文件;如果文件存在,则覆盖该文件
x	执行文件的新建写入,如果文件已存在,则操作失败,并抛出异常
a	追加写入模式,如果文件已存在,则在后面追加内容;如果文件不存在,则创建
t	文本文件模式,为 open()的默认模式
b	二进制文件模式
+	打开文件进行更新(同时读写),与 r、w、a、b 一同出现

```
f = open("test.txt") # 等价于 open("test.txt",'r')
f = open("test.txt",'w') # 在文本文件模式下对 test 文件执行写入操作
f = open("img.bmp",'r+b') # 在二进制文件模式下执行读取和写入操作
```

上述示例用了 3 种不同的模式打开文件,第 1 种为默认打开方式,模式为"r",只可进行读取;第 2 种为"w"模式,即对 test 文件进行写入操作,若文件不存在,则直接创建;第 3 种表示对位图进行读取和写入操作,采用二进制文件模式打开位图。

文本文件模式的编码规则,默认编码是依赖于操作系统的。因此,在文本文件模式下处理文件时,还需要在参数后面追加指定的编码类型,以防止出现乱码的现象。

例如

```
f = open("test.txt",mode = 'r',encoding = 'utf-8')
```

请注意 读取文本文件时,默认将所有文本识别为字符串,因此,如果希望读取的内容是数字,需要通过基本类型转换将字符串转换成数字形式。

文件读写完毕需要关闭文件,关闭文件常常使用 close()方法,可以通过写入该方法手动完成文件的关闭。

例如

```
f = open("test.txt")
# 相关读写操作
f.close()
```

虽然 close()方法可以实现文件的关闭,但是如果程序存在错误,导致 close()语句未执行,则文件将不会关闭。在此种情况下,可以通过异常处理机制来解决,解决方法在 6.4 节中将详细介绍。更为简便的方法是为 open()函数添加 with 保留字,示例如下。

```
with open("test.text") as f:
```

相关读写操作

此时不再需要编写 close( )方法，Python 解释器会自动在内部关闭文件。

6.1.3 文件读取

当文件被打开之后，便可进行相应的读取或写入操作。读取文件的方法有很多，例如可以通过 read(size)方法从文件中根据 size 读取指定个数的字符。

在程序所在文件夹下建立一个文本文档，名为"test.txt"。文档内容如图 6.1 所示，然后使用 read( )方法读取大小为 6 个字符的数据并输出结果。

图 6.1 文档内容

例如

```
f = open("test.txt",'r')
print(f.read(6))
f.close()
```

运行程序
今天是我们学

如果在 read(6)语句后紧跟着编写 read(4)语句,那么将从第 7 位字符开始读取。

例如

```
f = open("test.txt",'r')
print(f.read(6))
print(f.read(4))
f.close()
```

运行程序
今天是我们学
习 Pyt

如果 read( )方法中未指定参数，则默认读取文件中的所有数据。

例如

```
f = open("test.txt",'r')
print(f.read())
f.close()
```

```
# 运行程序
今天是我们学习 Python 文件的第一天。
```

当打开文件时,内部指针默认指向起始位置,即文件头。读取文件内容时,读取到某一位置,指针就指向相应位置。tell()方法可以返回当前指针位置(字节数,中文字符通常占 3 个字节)。

例如

```
f = open("test.txt",'r')
print(f.read(6))
print(f.tell())
f.close()

# 运行程序
今天是我们学
18


f = open("test.txt",'r')
print(f.read(6))
f.seek(0)
print(f.read(4))
f.close()

# 运行程序
今天是我们学
今天是我
```

seek()方法可以控制指针所在位置。seek()方法含有两个参数,其基本语法格式如下。

f.seek(<偏移量>[,起始位置])

其中起始位置为"0"表示从文件头开始,为"1"表示从当前指针开始,为"2"表示从文件末尾开始。

偏移量表示从起始位置移动的距离,单位是字节(Byte)。偏移量为正表示向右(即文件末尾方向)偏移,为负表示向左(即文件头方向)偏移。只有以二进制文件模式读取才可以制定不为 0 的起始位置。

例如

```
#shuzi.txt 文件的内容
1234567890

f = open("shuzi.txt","rb")
print(f.read(3),f.tell())
f.seek(-6,2)
print(f.read(3),f.tell())
f.close()

#运行程序
b'123' 3
```

b'567'7

如果读取的文件有多行,也可以通过 readline() 方法读取文件内容。其基本语法格式如下。

f. readline([size])

无参数 size 时,可以使用该方法读取文件的某一行内容,遇到换行符停止读取;有参数 size 时,将读入当前指针位置后 size 长度的字符串或字节流。

对之前的 test 文本文档进行修改,使其具备多行字符,文档内容如图 6.2 所示。

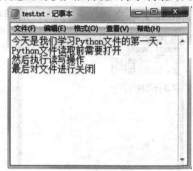

图 6.2 文档内容

例如

```
f = open("test.txt",'r')
print(f.readline(),end = '') # readline()方法会读取换行符,所以使用 end = ''
print(f.readline(),end = '')
print(f.readline(3))

# 运行程序
今天是我们学习 Python 文件的第一天。
Python 文件读取前需要打开
然后执
```

Python 文件读取还有一种方法——readlines(),此方法针对的是文件中所有内容,读取结果将以列表形式给出,每行内容为一个列表元素。

例如

```
f = open("test.txt",'r')
print(f.readlines())

# 运行程序
['今天是我们学习 Python 文件的第一天。\n', 'Python 文件读取前需要打开\n', '然后执行读写操作\n', '最后对文件进行关闭']
```

6.1.4 文件写入

在打开文件后,可以通过 write() 方法执行写入操作。如果需要对文件进行写入操作,则要求文件的打开模式必须是"w""a"或"x"模式,且在使用"w"模式时会覆盖原文件中的内容。Python 的 write() 方法可以将任何字符串或字节流写入一个打开的文件。在对文件执行写入操作时,可以使用"\n"对文本内容进行换行,否则文本内容将会被认为是一行内容。

例如

```
with open("test.txt",'w') as f:
    f.write("第1行一个换行符\n")
    f.write("第2行两个换行符\n\n")
    f.write("第3行无换行符")
```

该例使用 with 保留字，无须对打开的文件执行关闭。这里要对之前的 test 文本文档进行写入操作，因此使用"w"模式打开 test 文本文档。程序执行的结果如图 6.3 所示。

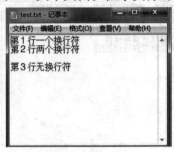

图 6.3 程序执行的结果

write( )方法需要逐行填写。如果程序中需要写入一个列表的全部内容，那么可以通过 writelines( )方法将列表中的所有内容一次性写入。

例如

```
s = ["床前明月光","疑是地上霜","举头望明月","低头思故乡"]
f = open("静夜思.txt","w")
f.writelines(s)
f.close()
```

#输出的文件"静夜思.txt"的内容为：
床前明月光疑是地上霜举头望明月低头思故乡

真题演练

【例1】以下不属于 Python 文件操作方法的是（　　）。
A）read( )　　　　B）write( )　　　　C）join( )　　　　D）readline( )

【答案】C

【解析】Python 文件的读取方法有 f.read( )、f.readline( )、f.readlines( )、f.seek( )等，Python 文件的写入方法有 f.write( )、f.writelines( )等。本题选择 C 选项。

【例2】以下关于文件的描述中，错误的是（　　）。
A）文件是存储在辅助存储器上的一组数据序列，可以包含任何数据内容
B）可以使用 open( )打开文件，用 close( )关闭文件
C）使用 read( )可以从文件中读入全部文本
D）使用 readlines( )可以从文件中读入一行文本

【答案】D

【解析】文件是存储在辅助存储器上的一组数据序列，可以包含任何数据内容。A 项正确。可以使用 open( )打开文件，用 close( )关闭文件。B 项正确。在 Python 语言中，文件（设 f 代表文件变量）读取方法如下。

f.read():从文件中读取整个文件内容。
f.readline():从文件中读取一行内容。
f.readlines():从文件中读取所有行,以每行为元素形成一个列表。
f.seek():改变当前文件操作指针的位置。C 项正确。本题选择 D 选项。

6.2 文件操作方法

Python 语言中,文件有多个可用的操作方法。本节列举一些常用文件操作方法,如表 6.2 所示。重要的方法已在 6.1 节讲解,读者可以参阅相关资料学习其余的方法,本书在此不赘述。

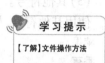

学习提示

【了解】文件操作方法

表 6.2 常用文件操作方法

方法	描述
close()	关闭已打开的文件
read(size)	从文件起始位置开始读取 size 大小的数据,若无参数则默认从起始位置读取全部数据
readable()	如果文件流可以被读取,则返回 True
readline(n)	从文件中读取并返回一行。如果指定参数,则读取该行 n 个字符
readlines()	一次性读取所有行数据
seek(pos,[from])	用于移动读取指针到指定位置。参数 pos 代表需要移动的字节数,from 参数可选,是附加给 pos 参数的定义,其中 0 代表文件头,1 代表当前位置,2 代表文件末尾
seekable()	如果文件流支持随机位置访问,则返回 True
tell()	返回当前指针位置(字节数)
writable()	如果当前文件流可以写入,则返回 True
write(s)	将字符串 s 写入文件
writelines(lines)	将组合数据元素逐个写入文件,元素均须是字符串类型

6.3 数据维度

数据维度指在多个数据之间形成的特定关系,可以表达多种数据含义。数据维度分为 3 种:一维数据、二维数据和高维数据。一般情况下处理的数据多为一维的。

学习提示

【了解】数据维度
【掌握】一维、二维数据的处理

6.3.1 一维数据

一维数据只有一个维度,没有添加其他属性,通常用于表示一组相关联的数据。一维数据由具有对等关系的有序或无序数据构成,采用线性方式(一条直线排开)组织。例如,一个含有姓名的列表或集合。简单来说,一维数据具有线性特征,任何表现为集合或序列的数据都可以被认为是一维数据。对于 Python 中的一维数据,通常使用列表或文件对其进行表示,分隔方式有以下3种。

(1)空格分隔。

使用一个或多个空格进行不同数据的分隔。

苹果　香蕉　番茄　西瓜

(2)逗号(必须为英文逗号)分隔。

使用逗号对不同数据进行分隔。

苹果,香蕉,番茄,西瓜

(3)其他符号。

使用其他符号,如美元符号、分号或换行符等,分隔数据。

苹果

香蕉

番茄

西瓜

国际通用的适合一维数据和二维数据的存储格式为逗号分隔值(Comma-Separated Values,CSV)数据存储格式,以".csv"为扩展名,数据直接用逗号隔开。以该格式构建的数据通用性强,使用起来也比较方便,建议初学者以该方式存储数据。

下面对使用CSV数据格式的文件进行读取。

例如

```
f = open("test.csv")
ls = []
for line in f:
    ls.append(line.split(","))
f.close()
print(ls)
```

本例利用for循环以及列表的append()方法将test文件中的以逗号分隔的数据作为元素赋给ls列表。可以在循环每一行内容时使用strip()方法去掉每行结尾的换行符,例如先使用line = line.strip(),再调用append()方法。

6.3.2 二维数据

二维数据由多个一维数据构成,可看作一维数据的组合形式。在二维数据中,行与列同时存在,共同构成平面的数据结构。二维数据也可以用列表表示,其中,表头既可以作为二维数据的一部分,也可以不作为二维数据的一部分。

例如

```
ls = [
    ['姓名','语文','数学','英语'],
    ['张三','70','78','79'],
    ['李四','80','88','89'],
    ['小王','68','76','82'],
]
```

ls 是一个 4 ×4 的二维列表,其中首行表示列表的属性,从次行开始,每行为一个数据单元(一维数据),一行中的不同列为该数据单元的不同数据项。

针对 ls 二维列表,可以使用 CSV 文件来存储它,该文件的每行是一维数据,整个文件为二维数据。下面的示例中使用 write( )方法将 ls 二维列表输出为 CSV 文件。

```
f=open("test.csv","w")
ls = [
    ['姓名','语文','数学','英语'],
    ['张三','70','78','79'],
    ['李四','80','88','89'],
    ['小王','68','76','82'],
]

for line in ls:
    f.write(",".join(line)+"\n")
f.close()
```

程序通过 for 循环对 ls 二维列表的行进行遍历,赋值给 line 变量,通过逗号将不同的列区分并换行显示,最终产生一个 CSV 文件,此文件可用 Excel 打开,如图 6.4 所示。

A	B	C	D
姓名	语文	数学	英语
张三	70	78	79
李四	80	88	89
小王	68	76	82

图 6.4 CSV 文件

也可以通过 open( )函数和 append( )方法将一个包含二维数据的 CSV 文件读取到程序的列表中。

例如

```
f=open("test.csv")
ls=[]
for line in f:
    ls.append(line.strip('\n').split(","))
f.close()
print(ls)

#运行程序
[['姓名','语文','数学','英语'],['张三','70','78','79'],['李四','80','88','89'],['小王','68','76','82']]
```

6.3.3 高维数据

高维数据由键值对类型的数据构成,采用对象方式组织,可以多层嵌套。目前高维数据挖掘已经成为数据挖掘的重点和难点。随着技术的进步,数据收集变得越来越容易,以至于数据库的规模越来越大,复杂程度越来越高。例如,各种类型的贸易数据、Web 文档以及用户评分数据等。它们的维度通常可以达到成百上千维。高维数据还可衍生出超文本标记语言(Hyper

Text Markup Language,HTML)、可扩展标记语言(eXtensible Markup Language,XML)和JavaScript对象简谱(JavaScript Object Notation,JSON)等具体数据组织的语法结构。

在本节中,不对高维数据进行过多讲解,读者只需了解其即可。下面以JSON为例,给出描述"超市"的高维数据形式。其中,冒号和逗号分隔键值对,JSON格式中"{ }"组织各键值对成为一个整体,与"超市"形成高层次的键值对。高维数据相比一维数据和二维数据能表达更加灵活和复杂的关系。

例如

```
"超市":{
"毛巾":"22.5",
"香皂":"3.9",
"洗衣粉":"17",
"菜刀":"13",
"电饭煲":"188",
"冰箱":"1888",
}
```

真题演练

【例1】以下关于Python二维数据的描述中,错误的是(　　)。
A)CSV文件的每一行是一维数据,可以用列表、元组表示
B)从CSV文件获得数据内容后,可以用replace()去掉每行最后的换行符
C)若一个列表变量里的元素都是字符串,则可以用join()合成字符串
D)列表中保存的二维数据,可以通过循环用writelines()写入CSV文件
【答案】D
【解析】在Python语言中,writelines()方法用于将一个元素为字符串的列表整体写入文件;write()方法用于向文件写入字符串或字节流,每次写入后,将会记录一个写入指针。二维列表采用遍历循环和字符串的join()方法输出为CSV文件,方法如下:
#ls代表二维列表,此处省略
f = open("cpi.csv","w")
for row in ls
　　f.write(",".join(row) + "\n")
f.close()
本题选择D选项。

【例2】以下关于数据维度的描述,错误的是(　　)。
A)一维数据由具有对等关系的有序或无序数据构成,采用线性方式组织,对应于数学中的集合或数组的概念。
B)二维数据由关联关系构成,采用列表方式组织,对应于数学中的矩阵。
C)高维数据由键值对类型的数据组成,采用对象方式组织。
D)一维数据由具有对等关系的有序数据构成,无序数据不是一维数据。
【答案】D
【解析】任何可以由序列或集合表示的内容都可以看作一维数据。本题选择D选项。

6.4 处理文件的异常

6.1 节曾经提到对文件进行读写操作可能会造成程序的异常,这里可以使用 try – finally 语句捕获和处理此类异常,从而增加程序的安全性。

【掌握】处理文件的异常

例如

```
try:
    f = open("test.txt")
    #相关读写操作
finally:
    f.close()
```

这里将 close() 方法写在 finally 语句块中,即使在 try 语句块中出现了异常,也可以保证 close() 方法会被执行,即在程序出现异常的情况下确保文件也可以被关闭。

Python 在处理文件时,可能会出现多个异常,较为常见的异常为 "FileNotFoundError",即 "文件不存在"。因此,当尝试对某个文件进行读写操作时,较为安全的做法是用 try – except 方法捕获对应类型异常,并进行相应处理。

例如

```
try:
    with open("text1.txt") as f:
        print(f.readline())
except FileNotFoundError:
    print("文件不存在")
```

此时,由于项目的文件夹下没有该文件,程序会执行 except 内的语句并输出提示语句。
下面是不使用异常处理机制的情况。

例如

```
with open("text1.txt") as f:
    print(f.readline())
```

那么此时运行程序将会出现异常结果,如图 6.5 所示。

```
Traceback (most recent call last):
  File "E:\编教材\Programming\TEST3.py", line 1, in <module>
    with open("text1.txt") as f:
FileNotFoundError: [Errno 2] No such file or directory: 'text1.txt'
>>>
```

图 6.5 异常结果

6.5 上机实践——统计《狂人日记》的字符频次

《狂人日记》是鲁迅先生创作的第一部短篇白话日记体小说,也是中国第一部现代白话文小说。本节将给出《狂人日记》的部分文本,并且讲解如何统计文本中的字符出现次数(不统计换行符和空格），将统计的信息按出现次数从大到小排列并转存入 CSV 文件。

以下是《狂人日记》的部分文本。

某君昆仲，今隐其名，皆余昔日在中学时良友；分隔多年，消息渐阙。日前偶闻其一大病；适归故乡，迂道往访，则仅晤一人，言病者其弟也。劳君远道来视，然已早愈，赴某地候补矣。因大笑，出示日记二册，谓可见当日病状，不妨献诸旧友。持归阅一过，知所患盖"迫害狂"之类。语颇错杂无伦次，又多荒唐之言；亦不著月日，惟墨色字体不一，知非一时所书。间亦有略具联络者，今撮录一篇，以供医家研究。记中语误，一字不易；惟人名虽皆村人，不为世间所知，无关大体，然亦悉易去。至于书名，则本人愈后所题，不复改也。七年四月二日识。

一

今天晚上，很好的月光。

我不见他，已是三十多年；今天见了，精神分外爽快。才知道以前的三十多年，全是发昏；然而须十分小心。不然，那赵家的狗，何以看我两眼呢？

我怕得有理。

二

今天全没月光，我知道不妙。早上小心出门，赵贵翁的眼色便怪：似乎怕我，似乎想害我。还有七八个人，交头接耳的议论我，张着嘴，对我笑了一笑；我便从头直冷到脚跟，晓得他们布置，都已妥当了。

我可不怕，仍旧走我的路。前面一伙小孩子，也在那里议论我；眼色也同赵贵翁一样，脸色也铁青。我想我同小孩子有什么仇，他也这样。忍不住大声说，"你告诉我！"他们可就跑了。

我想：我同赵贵翁有什么仇，同路上的人又有什么仇；只有廿年以前，把古久先生的陈年流水簿子，踹了一脚，古久先生很不高兴。赵贵翁虽然不认识他，一定也听到风声，代抱不平；约定路上的人，同我作冤对。但是小孩子呢？那时候，他们还没有出世，何以今天也睁着怪眼睛，似乎怕我，似乎想害我。这真教我怕，教我纳罕而且伤心。

我明白了。这是他们娘老子教的！

三

晚上总是睡不着。凡事须得研究，才会明白。

他们——也有给知县打枷过的，也有给绅士掌过嘴的，也有衙役占了他妻子的，也有老子娘被债主逼死的；他们那时候的脸色，全没有昨天这么怕，也没有这么凶。

最奇怪的是昨天街上的那个女人，打他儿子，嘴里说道，"老子呀！我要咬你几口才出气！"他眼睛却看着我。我出了一惊，遮掩不住；那青面獠牙的一伙人，便都哄笑起来。陈老五赶上前，硬把我拖回家中了。

拖我回家，家里的人都装作不认识我；他们的脸色，也全同别人一样。进了书房，便反扣上门，宛然是关了一只鸡鸭。这一件事，越教我猜不出底细。

……

转存到 CSV 文件中的格式如表 6.3 所示。

表 6.3　CSV 表格中的数据

，	367
。	156
的	146
我	119
人	100
不	94
他	88
一	87
是	85
……	……

分析可知,本题需要分 3 个步骤:第 1 步,读取文件内容;第 2 步,处理数据并排序;第 3 步,将数据存入 CSV 文件中。

第 1 步,读取文件内容。因为需要对全文进行处理,所以采用 read( ) 方法读取全部数据,并将其赋值给变量 s,然后关闭文件。

```
f = open("狂人日记.txt","r")
s = f.read()
f.close()
```

第 2 步,处理数据并排序。首先创建一个空字典存储需要的数据,设置字符为键、次数为值。经过 for 循环遍历 s 内所有的字符,通过判断语句,去除可能存在的空格及换行符。再利用字典的 get( ) 方法,字典中有指定的键则其值加 1;无指定的键,则创建一个初始值 0 的该键,并且将其值加 1。当遍历完毕后,因为字典是无序的,所以需要先用 items( ) 方法将字典转化为元素是元组的可迭代对象,再用 list( ) 函数将此对象转化为列表。此时列表的每个元素都为一个元组,此元组第一个元素为字符,第二个元素为该字符出现的次数。最后利用 sorted( ) 函数进行排序,根据 l 列表的每个元素中第二个值(表示字符出现次数)进行排序(sorted( ) 函数将会在 7.5 节中进行详细讲解)。

```
d = {}
for i in s:
    if i == ' ' or i == '\n':
        continue
    d[i] = d.get(i,0) + 1
l = list(d.items())
l = sorted(l,key = lambda z:z[1],reverse = True)
```

第 3 步,将数据存入 CSV 文件中。此步骤只需要遍历列表,将列表里的元素通过逗号及换行符组合即可(字符与次数之间用逗号,行末加上换行符)。需要注意的是字符的次数是整数类型,如果想要写入文件,需要用 str( ) 函数转化数据类型。

```
f = open('排序.csv','w')
for i in l:
    f.write(i[0] + ',' + str(i[1]) + '\n')
f.close()
```

课后总复习

1. 属于 Python 读取文件一行内容的操作是(　　)。
   A) readtext( )　　　　　　B) readline( )　　　　　　C) readall( )　　　　　　D) read( )
2. Python 中文件的打开模式不包含(　　)。
   A) 'a'　　　　　　　　　　B) 'b'　　　　　　　　　　C) 'c'　　　　　　　　　　D) '+'
3. 以下关于文件的描述中,错误的是(　　)。
   A) 文件是存储在辅助存储器上的一组数据序列,可以包含任何数据内容
   B) 可以使用 open( ) 打开文件,用 close( ) 关闭文件
   C) 使用 read( ) 可以从文件中读入全部文本
   D) 使用 readlines( ) 可以从文件中读入一行文本
4. 以下关于文件的描述中,正确的是(　　)。
   A) 使用 open( ) 打开文件时,必须要用 r 或 w 指定打开模式,不能省略
   B) 采用 readlines( ) 可以读入文件中的全部文本,返回一个列表
   C) 文件打开后,可以用 write( ) 控制对文件内容的读写位置
   D) 如果没有采用 close( ) 关闭文件,Python 程序退出时文件将不会自动关闭
5. 执行以下程序后,文件 a.txt 中的内容是(　　)。
   ```
   fo = open("a.txt",'w')
   x = ['大学','中学','小学']
   fo.write('\n'.join(x))
   fo.close()
   ```
   A) 大学,中学,小学
   B) 大学　中学　小学
   C) '大学','\n','中学','\n','小学'
   D) 大学
   　　中学
   　　小学
6. 以下关于 Python 文件打开模式的描述,错误的是(　　)。
   A) 只读模式 r　　　　　　　　　　　　　B) 覆盖写模式 w
   C) 追加写模式 a　　　　　　　　　　　　D) 创建写模式 n
7. 以下关于 CSV 文件的描述正确的是(　　)。
   A) CSV 文件只能采用 Unicode 编码表示字符
   B) CSV 文件只能是二维数据
   C) CSV 格式是一种通用的文件格式,主要用于不同程序之间的数据交换
   D) CSV 文件只能是一维数据
8. 给定列表 ls = [1,2,3,"1","2","3"],ls 的数据维度是(　　)。
   A) 一维数据　　　　　　　　　　　　　　B) 二维数据
   C) 高维数据　　　　　　　　　　　　　　D) 多维数据

第7章

函 数

章前导读

通过本章，你可以学习到：

- 函数的基本概念
- 函数的参数传递
- 函数的返回值
- 变量的作用域
- 匿名函数
- 常用的Python内置函数

本章评估	
重 要 度	★★★★
知识类型	理论+实践
考核类型	选择题+操作题
所占分值	约30分
学习时间	4课时

学习点拨

　　了解函数的基本概念；掌握函数的定义及使用；掌握Python不同方式的参数传递；掌握函数的返回值；掌握全局变量和局部变量的区别；掌握global保留字；掌握匿名函数；熟记常用的Python内置函数。

本章学习流程图

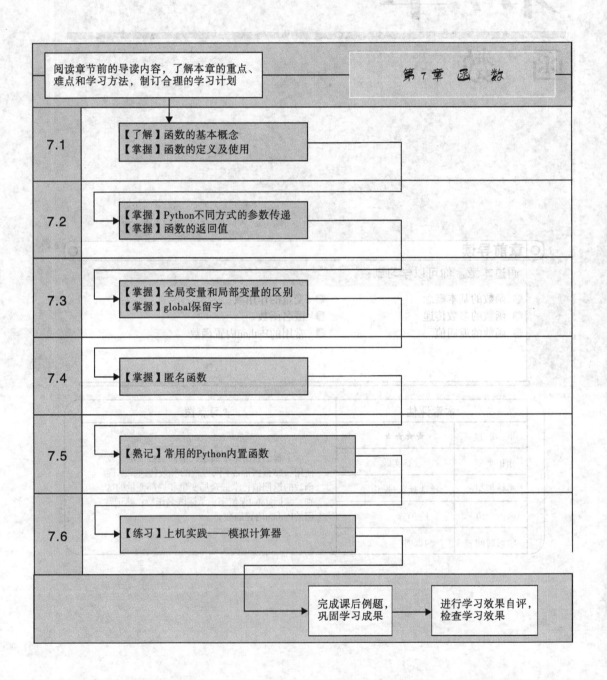

7.1 函数的定义及使用

函数是用于执行特定操作的可重用代码块。函数可以在模块、类或其他函数内定义,在类内定义的函数称为方法。使用函数的优点如下:

【了解】函数的基本概念
【掌握】函数的定义及使用

- 减少代码重复编写;
- 把复杂问题分解成简单的部分;
- 使代码逻辑更清晰;
- 提高代码的重用率;
- 隐藏信息。

Python 语言中的函数应用非常广泛,函数可以分配给变量、存储在集合中或作为参数传递。这给 Python 语言带来了额外的灵活性。函数分为两种基本类型:内置函数和用户定义函数。内置函数是 Python 语言解释器的一部分,例如"str( )""min( )"或"abs( )";用户定义函数是使用"def"保留字创建的函数。本章将重点介绍用户定义函数的使用。

下面给出定义 Python 函数的基本语法格式。

def 函数名(参数):
  ''' 函数的文档字符串
  函数功能与内容 '''
  return [表达式]

请注意：函数体的第一个语句可以是字符串,这个字符串是函数的文档字符串,用于提示函数的功能。

下面通过示例演示用户定义函数的操作和使用方法。

例如

```
def my_function(a, b):
    return a + b
print(my_function(3,5))
```

保留字 def 用于引入函数定义,后面必须跟函数名和带括号的形式参数。构成函数体的语句从下一行开始,必须缩进。函数只是被定义了,需要经过调用才可以运行。函数调用的基本语法格式如下。

函数名(实参)

形参:形式参数的简称,是在函数定义时在圆括号内定义的一种特殊变量。

实参:实际参数的简称,是在调用定义好的函数时实际传入的值,该值将给形参中的变量赋予具体的值。本例中,a 与 b 为形参,3 与 5 为实参。

提示：函数可以无参数,也可以有一个或多个参数。

函数可以使用 return［表达式］结束函数，返回一个值给调用方。不带表达式的 return 相当于返回 None。本例中将形参 a + b 的结果返回作为 print( ) 函数的参数。

7.2 函数参数

7.2.1 位置传参

在函数调用时，按照形参定义时的位置顺序传入实参。此种情况称为位置传参。要求实参须以正确的顺序传入函数，且数量必须和创建函数时的形参数量一样。

学习提示

【掌握】Python 不同方式的参数传递
【掌握】函数的返回值

例如

```
# 函数定义
def my_function(a, b):
    return a + b

#函数调用
print(my_function(3,5))

#运行程序
8
```

本例使用位置传参进行实参的传递，两个实参 3 和 5 按照位置顺序依次传给形参 a 和 b。此情况下，调用函数时必须按照要求传入参数，否则会出现语法错误。

7.2.2 默认参数

Python 函数中的参数可设置默认值，在调用函数时，可设置默认参数的实际值。如果调用函数时，没有传入实参，则使用默认值。

例如

```
def printStudentInfo(name, inclass = 'computer science', sex = 'male'):
    print("姓名:", name)
    print("班级:", inclass)
    print("性别:", sex)
```

此时，inclass 和 sex 参数都设置了默认值。在实际传参时，可以选择重新赋值，也可以选择使用默认值。

例如

```
printStudentInfo('xiaohong')
printStudentInfo('xiaohong', inclass = 'engineering', sex = 'male')
```

以上两种都是合法的调用方法。

7.2.3 关键字传参

关键字传参允许函数调用时参数的传递顺序与定义形参时的不一致，使用"形参名 = 实际值"的对应关系进行实参的传递，此时 Python 语言解释器利用参数名匹配参数值。此情况下，可以直接通过参数名给函数传值，而不用考虑形参的定义顺序，使函数的调用更加灵活。下面将通过示例说明默认参数与关键字参数如何混合调用。

例如

```
def printStudentInfo(name, inclass = 'computer science', sex = 'male'):
    print("姓名:", name)
    print("班级:", inclass)
    print("性别:", sex)
printStudentInfo('xiaohong')
printStudentInfo(inclass = 'marketing', name = 'mingming')

#运行程序
姓名：xiaohong
班级：computer science
性别：male
姓名：mingming
班级：marketing
性别：male
```

本例中，定义了一个名为 printStudentInfo 的函数，该函数中的第一个参数是非默认参数，随后的两个参数为默认参数。在函数调用时，第一次调用使用的是位置传参方法，因此"xiaohong"直接对应第一个形参"name"；第二次调用使用的是关键字传参方法，此时可以不用考虑参数的顺序，给需要赋值的参数传值即可。

```
#不能在关键字传参后使用非关键字传参，否则将导致语法错误
printStudentInfo('mingming', inclass = 'marketing', sex = 'female')

#运行程序
姓名：mingming
班级：marketing
性别：female
```

此情况是合法的混合调用语句。如果对该例传参顺序进行修改则会导致语法错误。

例如

```
printStudentInfo(name = 'mingming', inclass = 'marketing', 'female')
```

此时系统会提示错误信息如图 7.1 所示。

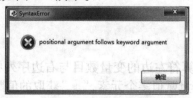

图 7.1　提示错误信息

7.2.4 可变参数

可变参数是指利用特殊符号定义形参，使得实参数量可以变化，这些实参会被包装成一个元组或字典。在可变参数之前，可以定义零个、一个或多个常规参数。

这里将参数转化为元组类型，通过"＊"运算符来指示函数接受任意数量的参数，将其转化为元组类型进行运算。

例如

```
def sum(name, * args):
    print(name)
    s = 0
    for i in args:
        s = s+i
    return s
print(sum('累加为:',1,2,3,4,5))
```

#运行程序
累加为:
15

可变参数也可以将参数转换为字典类型。通过"＊＊"运算符来指示函数接受任意数量的参数，将其转换为字典类型进行运算。

例如

```
def show( * * s):
    print(s)
show(a = 1,b = 2,c = 3)
```

#运行程序
{'a':1,'b':2,'c':3}

7.2.5 序列解包

序列解包能把一个序列（如列表、元组、字符串等）直接赋给多个变量，此时会对序列中的各个元素依次赋值。Python 3.0 之后的版本支持序列解包语法，该语法具有极强的实用性。

例如

```
>>> x,y,z = 10,20,30
>>> x
10
>>> y
20
>>> z
30
```

这种赋值语句只要保证运算符左边的变量数目与右边序列中的元素数目相等即可。下面可以结合"＊"运算符给单个变量赋值多个元素，"＊"获取的值默认为列表。

例如

```
>>> x,y,*z = 10,20,30,40
>>> x
10
>>> y
20
>>> z
[30, 40]
```

也可以对"*"的位置进行调整，此时变量也会进行相应调整。

例如

```
>>> x,*y,z = 10,20,30,40
>>> x
10
>>> y
[20,30]
>>> z
40
```

同样，也可以利用"*"运算符编写函数调用，将参数从列表或元组中解包。此传参方式属于位置传参的一种，按照元素顺序，将元素对应传递给形参。

例如

```
>>> list(range(1,10))
[1, 2, 3, 4, 5, 6, 7, 8, 9]
>>> a=[1,10]
>>> list(range(*a))
[1, 2, 3, 4, 5, 6, 7, 8, 9]
```

在这里还可以利用"**"运算符编写函数调用，将参数从字典中解包。此传参方式属于关键字传参的一种。字典中的键需要是形参的字符串形式，解包之后，按照对应的键对形参进行参数的传递。

例如

```
def a(x,y,z):
    print(x,y,z)
b = {'x':1,'y':2,'z':3}
a(**b)
#运行程序
1 2 3
```

在实际应用中，经常会遇到多种参数组合使用的情况，这时参数的使用顺序就必须是位置参数、默认参数、可变参数和关键字参数。

例如

```
def test(a,b,c=1,*p,**k):
    print('a =',a,'b =',b,'c =',c,'p =',p,'k =',k)
test(3,4)
test(3,4,5)
test(3,4,5,'a','b')
test(3,4,5,'ab',x=7,y=8)
#运行程序
a = 3 b = 4 c = 1 p = () k = {}
```

```
a = 3 b = 4 c = 5 p = () k = {}
a = 3 b = 4 c = 1 p = ('a','b') k = {}
a = 3 b = 4 c = 5 p = ('ab',) k = {'x':7,'y':8}
```

7.2.6 函数的返回值

每个函数都有返回值属性,它是通过 return 保留字来传递的。如果函数体内部不包含 return 语句,那么此函数的返回值就是 None(也就是空值)。

return 语句具有以下属性。

1. return 语句用于结束函数并将程序返回到函数被调用的位置继续执行。

例如

```
def test():
    print("函数执行完毕!")
    return 1
    print("此句不会被输出!")
print("程序开始!")
x = test()
print(x)


#运行程序:
程序开始!
函数执行完毕!
1
```

2. return 语句可以出现在函数中的任何部分。

例如

```
def test(x):
    if x == 1:
        return 1
    else:
        return 2
x = eval(input("请输入一个数字:"))
print(test(x))


#第一次运行程序
请输入一个数字:1    #输入数字1
1                  #输出结果1


#第二次运行程序
请输入一个数字:5    #输入数字5
2                  #输出结果2
```

3. 可以返回零个、一个或多个函数运算的结果并赋值给函数被调用处的变量。

例如

```
def test1():
    return
def test2():
    return 1,2,3,4
```

120

```
x = test1()
y = test2()
print('test1 返回值:',x)
print('test2 返回值:',y)

#运行程序
test1 返回值:None
test2 返回值:(1,2,3,4)
```

4. 当 return 返回多个值时,返回的值形成元组。

例如

```
def test1():
    return 1,2,3,4
x = test1()
print(x,'x的数据类型是:',type(x))

#运行程序
(1,2,3,4) x的数据类型是:<class 'tuple'>
```

真题演练

【例1】以下代码的输出结果是(　　)。
```
t = 10.5
def above_zero(t):
    return t > 0
```
A)True　　　　　　B)False　　　　　　C)10.5　　　　　　D)没有输出

【答案】D

【解析】在 Python 语言中,return 语句用于结束函数并将程序返回到函数被调用的位置继续执行。return 语句可以出现在函数中的任何部分,可以同时将零个、一个或多个函数运算结果返回给函数被调用处的变量。函数可以没有 return,此时函数并不返回值。return 返回的是值而不是表达式,且此段代码并未调用函数,故程序无输出。本题选择 D 选项。

【例2】以下代码的输出结果是(　　)。
```
def Hello(famlyName,age):
    if age > 50:
        print("您好!" + famlyName + "女士")
    elif age > 40:
        print("您好!" + famlyName + "小姐")
    elif age > 30:
        print("您好!" + famlyName + "姐姐")
    else:
        print("您好!" + "小" + famlyName)
Hello(age = 43, famlyName = "赵")
```
A)您好!赵女士　　　　　　　　　　B)您好!赵小姐
C)您好!赵姐姐　　　　　　　　　　D)函数调用出错

【答案】B

【解析】将实参 age = 43、famlyName = "赵" 分别赋给形参 age 和 famlyName,然后进入多分支结构进行判断。因为 40 < age = 43 < 50,所以执行第一个 elif 后面的语句,用"+"进行字符串连接,故输出"您好!赵小姐"。本题选择 B 选项。

【例3】以下的函数定义中,错误的是(　　)。

A) def vfunc(s,a=1,*b):   B) def vfunc(a=3,b):
C) def vfunc(a,**b):   D) def vfunc(a,b=2):

【答案】B

【解析】定义函数的基本语法格式如下。

def 函数名(＜非可选参数列表＞,＜可选参数＞=＜默认值＞):
    ＜函数体＞
    return ＜返回值＞

可选参数一般放置在非可选参数的后面。B 项错误。

7.3 变量的作用域

程序中的变量并不是在任意位置都可以被访问的。也就是说,不同种类变量的访问权限不同,这里的访问权限取决于这个变量定义和赋值的位置,可以称之为变量的作用域。变量的作用域决定了在哪一部分程序块中可以访问哪些特定的变量。根据变量不同的作用域范围,在 Python 语言中将变量分为全局变量和局部变量。

学习提示

【掌握】全局变量和局部变量的区别
【掌握】global 保留字

7.3.1 全局变量

全局变量指的是定义在函数体外、模块内部的变量,拥有全局的作用域,在函数体内部、外部都可以被调用。所有函数都可以直接访问全局变量(但函数内不能对其直接赋值)。全局变量在函数内部进行修改时,需要用 global 保留字提前声明变量,且该变量名与全局变量名相同,否则全局变量不会发生变化。

例如

```
name = "Lilly"
def fun():
    print("Within function", name)
fun()
print("Outside function", name)

#运行程序
Within function Lilly
Outside function Lilly
```

7.3.2 局部变量

局部变量指的是定义在函数体内的变量(函数的形参也是局部变量),只拥有局部的作用域。函数执行到局部变量时创建该变量,函数执行完毕后,局部变量便被立即销毁。局部变量只能在函数内部使用,不可在函数外部调用。

例如

```
name = "Lilly"
def fun():
    name = "Host"
    print("Within function", name)
print("Outside function", name)
```

```
fun()
print("Outside function", name)
#运行程序
Outside function Lilly
Within function Host
Outside function Lilly
```

在本例中,调用 fun() 函数之前,全局变量 name 的值为 Lilly。在执行 fun() 函数时,创建了局部变量 name,并将其赋值为 Host。函数执行完毕,系统会销毁局部变量 name。因此再次输出的结果依旧为全局变量 Lilly。

> **请注意** 函数创建并不等于函数调用。创建了函数,函数并未执行,只有在被调用的时候才会执行函数体。

7.3.3 global 保留字

如果在函数体内部修改全局变量,需要使用 global 保留字声明,基本语法格式如下

global < 全局变量名 >

例如

```
name = "Lilly"
def fun():
    global name
    name = "Host"
    print("Within function", name)
print("Outside function", name)
fun()
print("Outside function", name)
#运行程序
Outside function Lilly
Within function Host
Outside function Host
```

在本例中,调用 fun() 函数之前,全局变量 name 的值为 Lilly。在调用 fun() 函数之后,由于使用 global 保留字声明了 name 这个全局变量,并将其值改为了 Host,因此再次输出的结果变为 Host。

对于可变的数据类型,即使不使用 global 保留字声明,在函数内部进行数据的修改时,也会对全局变量的数据进行修改。

例如

```
s = []
def fun():
    s.append(1)
fun()
print(s)
fun()
print(s)
#运行程序
[1]
[1, 1]
```

在本例中，列表 s 并未经过 global 保留字声明，但可以明显地看出数据依然发生了变化，这是因为列表是可变的数据类型。当列表使用 append( ) 方法、"＋＝"操作符等一些不会改变列表所绑定的内存地址的操作时，新数据依然绑定在这个内存地址上，所以即使函数结束，内存地址上的数据也不会随着函数结束而消失，而会继续保持下去。相关的可变数据类型，如字典、集合等，与之相似。

真题演练

【例1】以下关于 Python 全局变量和局部变量的描述中，错误的是(　　)。
A) 局部变量在使用过后立即被释放
B) 全局变量一般没有缩进
C) 全局变量和局部变量的命名不能相同
D) 一个程序中的变量包含两类：全局变量和局部变量
【答案】C
【解析】根据程序中变量所在的位置和作用范围的不同，变量分为局部变量和全局变量。局部变量指在函数内部定义的变量，仅在函数内部有效，且作用域也在函数内部，当函数退出时变量将不再存在。全局变量一般指在函数之外定义的变量，在程序执行全过程有效，一般没有缩进。全局变量和局部变量的命名可以相同，本题选择 C 选项。

【例2】以下关于代码的描述中，正确的是(　　)。
```
def func(a,b):
    c = a**2 + b
    b = a
    return c
a = 10
b = 2
c = func(b,a) + a
```
A) 执行该函数后，变量 c 的值为 112
B) 该函数名称为 fun
C) 执行该函数后，变量 b 的值为 2
D) 执行该函数后，变量 b 的值为 10
【答案】C
【解析】在本程序中，将实参 b 的值传给形参 a，将实参 a 的值传给形参 b，在函数体中 c = 2 * * 2 + 10 = 14，函数返回 14，则实参 c = 14 + 10 = 24；形参 a 和 b 在函数结束后会被自动释放，并没有影响到实参 a 和 b 的值，故实参 a 仍然是 10，实参 b 仍然是 2。本题选择 C 选项。

7.4 匿名函数

Python 语言中还有一种特殊的函数，称为匿名函数。匿名函数并非没有函数名，而是将函数名作为函数的结果返回。在 Python 语言中使用 lambda 保留字创建匿名函数，所以匿名函数也被称为 lambda 函数，它是 Python 语言的功能范式的一部分。lambda 函数本质上是一个表达式，相比 def 定义的函数，它相对简单，通常不包含复杂的控制语句。匿名函数的基本语法格式如下。

【掌握】匿名函数

＜函数名＞ = lambda ＜形参列表＞：＜表达式＞

例如
```
a = 10
b = lambda c: c * a
```

```
print(b(8))
#运行程序
80
```

在本例中,b = lambda c:c * a 就是一个 lambda 函数,或称 lambda 表达式,c 是传递给 lambda 函数的参数,参数后面紧跟冒号字符,冒号之后的代码是在调用 lambda 函数时执行的表达式。lambda 函数的值被赋给 b 变量,即 c * a,结果为 80。

真题演练

【例1】下面代码的输出是(   )。
```
f = lambda x, y: x if x < y else y
a = f("aa","bb")
b = f("bb","aa")
print(a, b)
```
A)aa aa　　　　B)aa bb　　　　C)bb aa　　　　D)bb bb

【答案】A

【解析】lambda 保留字用于定义匿名函数。匿名函数的基本语法格式如下:
<函数名> = lambda <形参列表>:<表达式>
本题用于比较字符串大小,因为 aa < bb,所以输出均为 aa。本题选择 A 选项。

【例2】下面这条语句的输出是(   )。
```
f = (lambda a = "hello",b = "python",c = "wow":a + b.split("o")[1] + c)
print(f("hi"))
```
A)hellopythonwow　　　　B)hipythwow
C)hellonwow　　　　　　 D)hinwow

【答案】D

【解析】f( )为匿名函数,该匿名函数含有 3 个带有默认值的参数,返回结果为 a + b.split("o")[1] + c。调用函数时传递了一个参数"hi",此时按照位置顺序传递参数,所以 a 为"hi",b 为默认参数"python",b.split("o")[1]为"n",c 为默认参数"wow"。即输出结果为 'hi' + 'n' + 'wow' = 'hinwow'。本题选择 D 选项。

7.5 常用的 Python 内置函数

Python 语言中有许多内置函数,如表 7.1 所示。其中标 * 号的为二级 Python 语言程序设计考试中的常用函数,将在本节进行逐一介绍。

> **学习提示**
> 【熟记】常用的 Python 内置函数

表 7.1 Python 内置函数

abs( )	delattr( )	hash( )	memoryview( )
set( )	all( ) *	dict( )	help( )
min( ) *	setattr( )	any( ) *	dir( )
hex( )	next( )	slice( )	ascii( )
divmod( )	id( )	object( )	sorted( ) *
bin( )	enumerate( )	input( )	oct( )
staticmethod( )	bool( ) *	eval( )	int( )
open( )	str( )	breakpoint( )	exec( )

续表

isinstance( )	ord( ) *	sum( ) *	bytearray( )
filter( )	issubclass( )	pow( )	super( )
bytes( )	float( )	iter( )	print( )
tuple( )	callable( )	format( )	len( ) *
property( )	type( )	chr( ) *	frozenset( )
list( )	range( ) *	vars( )	classmethod( )
getattr( )	locals( )	repr( )	zip( )
compile( )	globals( )	map( )	reversed( ) *
__import__( )	complex( )	hasattr( )	max( ) *
round( )			

1. all( )函数

all(x)：若组合数据类型变量 x 中的所有元素都为 True，则函数返回 True，否则返回 False；若 x 为空，则返回 True。函数的源码如下。

```
def all(iterable):
    for element in iterable:
        if not element:
            return False
    return True
```

例如

```
>>>all(['a', 'b', 'c', 'd'])
True
```

2. any( )函数

any(x)：组合数据类型变量 x 中任一元素为 True 时返回 True；否则返回 False；若 x 为空，返回 False。函数的源码如下。

```
def any(iterable):
    for element in iterable:
        if element:
            return True
    return False
```

例如

```
>>>any(['a', 'b', 'c', 'd'])
True
>>>any((0, '', False))
False
```

3. bool( )函数

bool(x)：该函数将给定参数 x 转换为布尔类型，即 True 或 False；如果没有参数，返回 False。

例如

```
>>>bool()
False
>>> bool(0)
False
>>> bool(1)
True
```

4. chr( )函数

chr(x):该函数的作用是接受 0~255 范围内的整数 x,返回 Unicode 值为 x 的字符。

例如

```
>>>print(chr(50))
2
```

5. ord( )函数

ord(c):与 chr( )函数对应,ord( )函数将字符作为参数,返回该字符的 Unicode 值。

例如

```
>>> ord('c')
99
```

6. len( )函数

len(x):该函数是较为常用的内置函数,作用为计算变量 x 的长度。

例如

```
>>> str = "Python"
>>> len(str)
6
```

7. max( )函数

max(x1,x2,…):返回参数中的最大值,参数可以为一个序列。

例如

```
>>>print(max(10,20,30))
30
```

8. min( )函数

min(x1,x2,…):返回参数中的最小值,参数可以为一个序列。

例如

```
>>>print(min(10,20,30))
10
```

9. range( )函数

range(start, stop[, step]):该函数可创建一个从 start 到 stop(不含)的以 step 为步长的整数列表。

如果没有参数 start,则默认从 0 开始。例如 range(3) 等价于 range(0,3);产生的列表不包括 stop,例如 range(0,3) 产生的列表为[0, 1, 2];step 默认值为 1,例如 range(0,5) 等价于 range(0, 5, 1)。

例如

```
>>> list(range(0, 10, 2)) # 步长为 2
[0, 2, 4, 6, 8]
```

10. reversed( )函数

reversed(r):该函数的作用是返回组合数据类型 r 的逆序迭代形式。

例如

```
T = ['aaa','bbb','ccc',123]
x = reversed(T)
print(list(x))

#运行程序
```

[123, 'ccc', 'bbb', 'aaa']

11. sorted( )函数

sorted(x,[key],[reverse]):该函数对组合数据类型 x 进行排序,默认顺序为从小到大。

key 为可选项,用于接受一个函数,这个函数只接受一个参数(参数为 x 内的元素),用于从每个元素中提取一个用于比较的关键值,默认为 None。

reverse 为可选项,排序规则:reverse = True 为降序,reverse = False 为升序(默认)。

key 和 reverse 都需要使用关键字传参。

例如

```
>>> employees = [('HuangHua', 'China', 4), ('WangYong', 'China', 3), ('Lilly', 'France', 7)]
>>> sorted(employees, key = lambda a: a[2])#按第3列升序排列
[('WangYong', 'China', 3), ('HuangHua', 'China', 4), ('Lilly', 'France', 7)]
```

12. sum( )函数

sum(x,[start]):该函数对组合数据类型 x 求和。

start 用于指定一个相加的参数,默认为 0。

例如

```
>>> sum([1,2,3,4,5],6)
21
```

7.6 上机实践——模拟计算器

利用函数编写模拟计算器程序,要求含有加法、减法、乘法、除法、幂运算、取余和取整等运算。每个运算为一个函数,且程序循环获取用户的运算请求,直到用户确认退出,程序结束。

例如

```
1.加   法    2.减  法    3.乘  法    4.除  法
5.幂运算     6.取  余    7.取  整    q.退  出

请选择相应的功能:1
请输入第一个运算数(整数):10
请输入第二个运算数(整数):21
31

1.加   法    2.减  法    3.乘  法    4.除  法
5.幂运算     6.取  余    7.取  整    q.退  出

请选择相应的功能:5
请输入第一个运算数(整数):4
请输入第二个运算数(整数):5
1024

1.加   法    2.减  法    3.乘  法    4.除  法
5.幂运算     6.取  余    7.取  整    q.退  出
```

请选择相应的功能:9
输入错误,请重新选择!

1.加 法　　2.减 法　　3.乘 法　　4.除 法
5.幂运算　　6.取 余　　7.取 整　　q.退 出

请选择相应的功能:q
程序退出!

完整代码如下：

```
def add(x,y):
    return x+y

def sub(x,y):
    return x-y

def multi(x,y):
    return x*y

def div(x,y):
    return x/y

def pow(x,y):
    return x**y

def surp(x,y):
    return x%y

def roud(x,y):
    return x//y

def show():
    print('''
1.加 法    2.减 法    3.乘 法    4.除 法
5.幂运算   6.取 余    7.取 整    q.退 出
''')

while True:
    show()
    a = input('请选择相应的功能:')
    if '1'<=a<='7':
        x = eval(input('请输入第一个运算数(整数):'))
        y = eval(input('请输入第二个运算数(整数):'))
        if a=='1':
            print(add(x,y))
        elif a=='2':
            print(sub(x,y))
```

```
        elif a=='3':
            print(multi(x,y))
        elif a=='4':
            print(div(x,y))
        elif a=='5':
            print(pow(x,y))
        elif a=='6':
            print(surb(x,y))
        elif a=='7':
            print(roud(x,y))
    elif a=='q':
        print('程序退出！')
        break
    else:
        print('输入错误,请重新选择！')
```

观察上述代码,主要用了运算符及函数返回值的知识,在主体循环中首先判断用户选择的功能,根据选择执行对应的功能。因为7个运算都需要两个运算数,所以在进行分支运算前,先获取两个运算数,随后按照用户的选择执行对应运算,执行完毕便再次执行循环,直到用户选择退出,程序结束。

课后总复习

1. 下面代码的输出结果为(　　)。
```
d = {}
for i in range(26):
    d[chr(i+ord("A"))] = chr((i+13)%26+ord("A"))
for c in "Python":
    print(d.get(c,c),end="")
```
　A)Plguba　　　　　　B)Cabugl　　　　　　C)Python　　　　　　D)Cython

2. 以下关于函数返回值的描述中,正确的是(　　)。
　A)Python 函数的返回值使用方法很灵活,Python 函数可以没有返回值,也可以有一个或多个返回值
　B)函数定义中最多含有一个 return 语句
　C)在函数定义中使用 return 语句时,至少有一个返回值
　D)函数只能通过 print()语句和 return 语句给出运行结果

3. 以下关于 Pyrhon 函数的描述中,错误的是(　　)。
　A)Python 程序的 main()函数可以改变为其他名称
　B)如果 Python 程序包含一个 main()函数,那么这个 main()函数与其他函数地位相同
　C)Python 程序可以不包含 main()函数
　D)Python 程序需要包含一个 main()函数且只能包含一个 main()函数

4. 以下代码的输出结果是(　　)。
```
lis = list(range(4))
print(lis)
```
　A)[0,1,2,3,4]　　　B)[0,1,2,3]　　　C)0,1,2,3　　　D)0,1,2,3,4

5. 列表 listV = list(range(10)),以下能够输出列表 listV 中最小元素的是(　　)。
　A)print(min(listV))　　　　　　　　　B)print(listV.max())
　C)print(min(listV()))　　　　　　　　D)print(listV.reverse(i)[0])

第8章
Python标准库

章前导读
通过本章,你可以学习到:
- 图形绘制库turtle
- 随机数库random的使用
- 时间处理库time

本章评估	
重要度	★★★★
知识类型	实践
考核类型	选择题+操作题
所占分值	约15分
学习时间	4课时

学习点拨

　　了解turtle库的基本概念;掌握turtle库的相关函数使用;了解random库的应用范围;掌握random库的相关函数使用;了解time库的应用范围;掌握time库的相关函数使用。

本章学习流程图

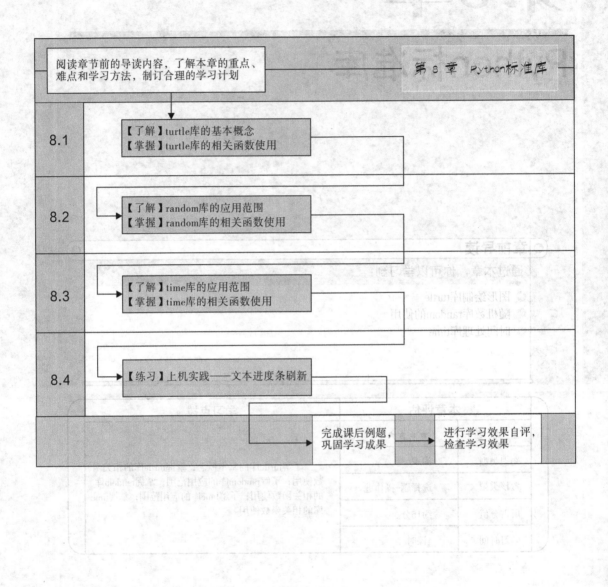

8.1 turtle 库

turtle 库是 Python 语言中重要的标准库之一,属于入门级的图形绘制库,主要用于绘制较为简单的图形。标准库是 Python 语言解释器自带的库,无须另行安装便可导入程序使用。

【了解】turtle 库的基本概念
【掌握】turtle 库的相关函数使用

8.1.1 turtle 库简介

Python 语言中的 turtle 库是一个很流行的图形绘制库,基本原理是指定画笔从横轴为 x、纵轴为 y 的坐标系原点(0,0)开始,根据一组函数指令(如"前进""后退""旋转"等)的控制,在平面坐标系中移动,它移动的路径就是绘制的图形。

在使用 turtle 库之前,需要在 Python 中对其进行导入,导入的方式有如下 3 种。

第 1 种:"import turtle",此时调用 turtle 库函数的一般格式为 turtle.<函数名>()。

第 2 种:"import turtle as t",此时对 turtle 库函数的调用采用更为简洁的形式,即 t.<函数名>(),t 为 turtle 的别名。注意,此处的 t 也可以替换为其他任意别名。

第 3 种:"from turtle import *",此时调用 turtle 库函数无须"turtle."作为前导,一般格式为<函数名>()。

turtle 库包含丰富的功能函数,后文将介绍其中比较基础且常用的窗体函数、画笔运动函数以及画笔状态函数。

8.1.2 窗体函数

在进行绘图之前,首先需要一个窗体。turtle 创建窗体的函数为 setup(),其基本语法格式如下:

turtle.setup(width,height,startx,starty)

函数的 4 个参数用于初始化窗体的大小以及画笔的位置。

width:用于描述窗体的宽度(用像素点数表示)。
height:用于描述窗体的高度(用像素点数表示)。
startx:用于描述窗体左侧相对于屏幕左边界的距离(用像素点数表示)。
starty:用于描述窗体顶部相对于屏幕上边界的距离(用像素点数表示)。

例如

```
>>>from turtle import *
>>>setup()
#打开一个默认大小、默认位置的窗体
>>>setup(100,100,100,100)
#打开一个宽、高为 100 像素,距离屏幕左边界及上边界 100 像素的窗体
>>>setup(height=100,startx=100)
#打开一个高 100 像素,距离屏幕左边界 100 像素,其他属性默认的窗体
```

请注意 上述打开的窗体在此处不展示，读者在操作的时候会打开一个空白窗体。

8.1.3 画笔运动函数

turtle 库绘制图形是依靠画笔的运动完成的。画笔的默认前进方向是向屏幕正右方向，且有"前进""后退""逆时针旋转""顺时针旋转"等多种运动方式。turtle 库通过一组运动函数（forward()）、backward()、left()、right()）控制画笔的运动，进而绘制形状，turtle 绘图坐标系如图 8.1 所示。接下来逐一介绍画笔运动函数。

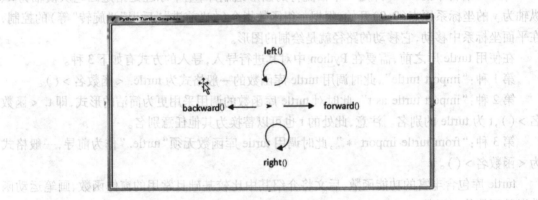

图 8.1 turtle 绘图坐标系

1. turtle.forward(distance) / turtle.fd(distance)

功能：将画笔向前移动一定的距离（距离为参数）。

参数：distance 为整数或浮点数，为一个具体的数值。

2. turtle.backward(distance) / turtle.bk(distance)

功能：将画笔向后移动一段距离，与画笔前进的方向相反，但并不改变画笔的前进方向。

参数：distance 为整数或浮点数，为一个具体的数值。

3. turtle.left(angle) / turtle.lt(angle)

功能：以指定角度逆时针旋转画笔。

参数：angle 为一个表示角度的整数值。

4. turtle.right(amgle) / turtle.rt(angle)

功能：以指定角度顺时针旋转画笔。

参数：angle 为一个表示角度的整数值。

例如

```
>>> turtle.heading() #heading()函数表示的是画笔的指向，函数的返回值为绝对角度
22.0
>>> turtle.right(45)
>>> turtle.heading()
337.0
```

5. turtle.goto(x,y) | turtle.setposition(x,y)

功能:把画笔移到设定的坐标(x,y)位置。如果画笔为落下状态,则沿着该轨迹画线。

参数:x、y 为画布中指定的横、纵坐标值。

6. turtle.setx(x)

功能:修改画笔的横坐标为 x,纵坐标不变。

参数:x 为画布中横坐标的值。

7. turtle.sety(y)

功能:修改画笔的纵坐标为 y,横坐标不变。

参数:y 为画布中纵坐标的值。

8. turtle.setheading(angle)/turtle.seth(angle)

功能:将画笔方向的角度值设置为 angle。

参数:angle 为方向的角度,一些常用的度数和方向如表 8.1 所示。

表 8.1 常用度数和方向

度数	方向
0	east
90	north
180	west
270	south

9. turtle.home()

功能:将画笔移动到原点坐标(0,0),并将其方向设置为起始方向。

10. turtle.circle(radius,extent,steps)

功能:根据半径 radius 和角度 extent 的值绘制弧形,也可绘制正多边形。

参数如下。

(1) radius:如果半径为正数,则按逆时针方向画弧,否则按顺时针方向画弧。

(2) extent:设置弧形的角度,当该参数为空时,默认绘制一个圆形。

(3) steps:设置此参数可以绘制半径为 radius 的圆的内接正多边形,边的数量由 steps 控制;当存在 extent 参数时,steps 便代表在一定的弧度内绘制对应数量的边。

11. turtle.dot(size,color)

功能:绘制一个填充颜色为 color、直径为 size 的圆点。

参数如下。

(1) size:圆点的直径,应为整数且大于等于 1。

(2) color:填充的颜色,类型为 colorstring 或 RGB 元组。

12. turtle.undo()

功能:撤消上一次画笔动作。

13. turtle.speed([speed])

功能:将画笔的速度值设置为 0~10 的整数。如果没有给出参数,则返回当前速度。

参数:speed 值为 0~10 的整数。也可以使用速度字符串映射速度值,如下所示。

• "fastest":0。

- "fast"：10。
- "normal"：6。
- "slow"：3。
- "slowest"：1。

speed 的值为 0，表示没有发生绘制动作。此时，向前或向后移动画笔，将使画笔跳跃式移动，向左或向右转向画笔，将使画笔立即转向。

例如

```
>>> turtle.speed()
3
>>> turtle.speed('normal')
>>> turtle.speed()
6
>>> turtle.speed(9)
>>> turtle.speed()
9
```

请注意　在 Python 语言的 turtle 库中，部分函数是有别名的，如 forward() 函数，它的别名为 fd()。

8.1.4　画笔状态函数

8.1.3 小节介绍了 turtle 库的画笔运动函数，它们可以使画笔执行运动操作。下面将描述画笔状态函数，它们可以对画笔的状态、线条宽度、颜色等进行设置。

1. turtle. pendown( ) / turtle. pd( ) / turtle. down( )

功能：放下画笔，此时移动画笔将正常绘图。

2. turtle. penup( ) / turtle. pu( ) / turtle. up( )

功能：提起画笔，此时移动画笔无法绘图。

3. turtle. pensize ([width]) / turtle. width( )

功能：设置画笔的线条宽度。

参数：当 width 为正数时，该函数用于设置画笔的线条宽度；当 width 为空或函数没有 width 参数时，该函数将返回当前画笔的线条宽度。

例如

```
turtle.pensize()        #此处将返回画笔的线条宽度
turtle.pensize(10)      #设置画笔的线条宽度为10
```

4. turtle. isdown( )

功能：如果画笔落下，则返回 True；如果画笔提起，则返回 False。

例如

```
>>> turtle.penup()
>>> turtle.isdown()
```

```
False
>>> turtle.pendown()
>>> turtle.isdown()
True
```

5. turtle.pencolor([param])

功能：返回或设置画笔绘制的颜色，无参数时返回当前画笔绘制的颜色。参数 param 有以下两种形式。

（1）colorstring：将画笔绘制的颜色设置为 colorstring，例如"red""blue"和"pink"等。

（2）(r,g,b)：将画笔绘制的颜色设置为元组(r,g,b)表示的 RGB 颜色。r、g、b 的值有两种形式，一种是 r、g、b 数值范围为 0～1.0，一种是 r、g、b 数值范围为 0～255。

6. turtle.color([param])

功能：同时设置画笔绘制的颜色和画笔颜色。当有一个参数时，该参数为画笔绘制的颜色和画笔颜色；当有两个参数时，按参数顺序依次为画笔绘制的颜色和画笔颜色；当没有参数时，返回当前画笔绘制的颜色和画笔颜色组成的元组。参数的两种形式与 pencolor() 函数中的一致。

7. turtle.filling()

功能：返回当前图形是否被填充，被填充返回 True，未被填充则返回 False。

8. turtle.begin_fill()

功能：准备填充图形，在绘制要填充的形状之前调用。

9. turtle.end_fill()

功能：填充完成，在结束填充后调用该函数与上一次出现的 begin_fill() 配对。

例如：

```
#绘制一个红底黑边的圆
turtle.color("black", "red")
turtle.begin_fill()
turtle.circle(80)
turtle.end_fill()
```

10. turtle.reset()

功能：删除画笔的绘图，将画笔重新居中，并将画笔的位置与状态设置为默认值。

11. turtle.clear()

功能：删除画笔的绘图，但并不移动画笔，即画笔的状态和位置不受影响。

12. turtle.hideturtle()/turtle.ht()

功能：隐藏画笔的形状。当正在进行一些复杂的绘图时，隐藏画笔（画笔的形状）可以加快绘图速度。

13. turtle.showturtle()/turtle.st()

功能：显示画笔的形状。

14. turtle.isvisible()

功能：返回当前画笔是否处于可见的状态，与前面两个函数对应，如果画笔隐藏则返回 False，否则返回 True。

15. **turtle.write(str,font = (字体名称,字号,字体类型))**

功能:根据 font 参数中设置的字体形式,将字符串 str 在画布上显示。

参数如下。

(1) str:要显示的字符串。

(2) font:一个三元组,由字体名称、字号和字体类型构成。

例如

```
import turtle
turtle.write("write something",font = ('Calibri','28','bold'))
```

真题演练

【例1】以下代码绘制的图形是(　　)。

```
import turtle as t
for i in range(1,7):
    t.fd(50)
    t.left(60)
```

A)正方形　　　B)六边形　　　C)三角形　　　D)五角星

【答案】B

【解析】先用 import 导入 turtle 库,for 循环依次将 1~6 赋给变量 i,i 分别被依次赋值 1、2、3、4、5、6,fd()表示画笔当前的前进方向,left()表示画笔旋转的方向,故绘制出来的是六边形。本题选择 B 选项。

【例2】以下选项不能改变 turtle 绘制方向的是(　　)。

A)turtle.open()　　B)turtle.left()　　C)turtle.fd()　　D)turtle.seth()

【答案】A

【解析】turtle.fd(distance):向当前画笔方向移动 distance 距离,当参数值为负数时,表示向相反方向移动。turtle.left(angle):向左旋转 angle 角度。turtle.seth(to_angle):设置当前进方向为 to_angle,该角度是绝对角度。turtle 库中不存在 open()函数。本题选择 A 选项。

8.2　random 库

真正意义上的随机数(或者随机事件)是按照实验过程中表现的分布概率随机产生的,其结果是不可预测、不可见的。而计算机中的随机函数是按照一定算法模拟产生的,其结果是确定的、可见的。可以认为这个可预见的结果出现的概率是100%。所以用计算机随机函数所产生的"随机数"并不随机,是一种伪随机数。这种伪随机数已经广泛应用于除去高精密加密算法外的大多数工程。random 库也是建立在伪随机数的前提下的。

学习提示

【了解】random 库的应用范围

【掌握】random 库的相关函数使用

8.2.1　random 库简介

random()库是 Python 的一个标准库,主要作用是生成随机数。random 库中有很多函数,基本的函数是 random()函数(用于产生一个[0.0,1.0)范围内的随机浮点数),random 库中的其他函数都是以此函数扩展产生的。

导入 random 库的方式与导入 turtle 类似，可以使用 3 种方式。

第 1 种："import random"，此时调用 random 库函数的一般格式为 random.<函数名>()。

例如

```
import random
random.randint(12,20)
```

第 2 种："import random as t"，此时对 random 库函数的调用采用更为简洁的形式，即 t.<函数名>()，t 为 random 的别名。注意，此处的 t 也可以替换为其他任意别名。

例如

```
import random as t
t.randint(12,20)
```

第 3 种："from random import *"，此时调用 random 库函数无须"random."作为前导，一般格式为<函数名>()。

例如

```
from random import *
randint(12,20)
```

8.2.2 random 库常用函数

在 random 库中有很多函数可以生成整数、浮点数或者序列等类型的随机数。下面介绍一些常用函数。

1. random.seed([a])

功能：该函数的作用是改变随机数生成器的种子，可以在调用其他随机模块函数之前使用此函数。如果 a 为空，则使用系统时间作为种子；如果 a 有值，则使用 a 作为种子。在随机数生成器中，种子用于生成随机数的初始数值。对于随机数生成器，从相同的随机数种子出发，可以得到相同的随机数序列。

参数：a 为随机数种子，可以是整数或浮点数。

2. random.getstate()

功能：返回随机数生成器当前状态的对象，可以将此对象传递给函数 setstate()，以还原状态。

3. random.setstate(state)

功能：传入一个 getstate() 函数捕获的状态对象，使得生成器恢复到此状态。

参数：state 是由函数 getstate() 捕获的状态对象。

4. random.getrandbits(k)

功能：生成一个 k 比特(bit)长度的随机整数，其中 k 为此随机整数二进制形式的位数。

参数：k 为一个整数，表示此随机整数二进制形式的位数，例如 k=8，则结果的取值范围为 $0 \sim (2^8 - 1)$。

5. random.randrange(start, stop[, step])

功能：生成一个区间为 [start, stop) 且步长为 step 的随机整数，此随机整数不会等于 stop。

参数:(1) start 为一个整数,表示开始位置;
　　　(2) stop 为一个整数,表示结束位置;
　　　(3) step 为一个整数,表示步长。

6. random.randint(a, b)

功能:生成一个[a,b]区间的随机整数,此随机整数可以等于 a 或者 b。

参数:(1) a 为一个整数,表示开始位置;
　　　(2) b 为一个整数,表示结束位置。

例如

```
import random as t
print(t.randint(2,20))#随机产生[2,20]内的整数。
print(t.randint(10,11))#产生的整数只会是10 或 11。
```

7. random.random()

功能:返回一个[0.0, 1.0)区间内的浮点数。

8. random.uniform(a, b)

功能:生成一个[a,b]区间的随机浮点数,此随机浮点数可以等于 a 或者 b。

参数:(1) a 为一个整数或浮点数,表示开始位置;
　　　(2) b 为一个整数或浮点数,表示结束位置。

9. random.choice(seq)

功能:从非空序列 seq 中随机选取一个元素作为函数的返回值。如果 seq 为空则抛出 IndexError 异常。

参数:seq 为一个非空序列。

例如

```
print(random.choice("Learning Python"))
print(random.choice(("xiaoming","xiaohong","John")))
```

10. random.shuffle(x)

功能:随机打乱序列 x 内元素的排列顺序,并返回打乱后的序列。该函数不能作用于不可变序列,主要作用于列表类型。

参数:x 为一个可变序列。

例如

```
p = ["today","is","a","sunny","day"]
random.shuffle(p)
print(p)
```

11. random.sample(population, k)

功能:从指定序列 population 中随机获取 k 个元素,以列表类型返回。sample()函数不会修改原有序列。该函数常用于不重复的随机抽样。如果 k 大于 population 的长度,则抛出 ValueError 异常。

参数:(1) population 为待获取的序列;
　　　(2) k 为获取的元素个数。

例如

```
import random
list =['a','c','c','t','g','c','t']
s = random.sample(list,4)#从 list 中随机获取 4 个元素
print(s)
print(list)#原有序列并没有改变
```

真题演练

【例1】以下关于 random 库的描述，错误的是( )。

A）random 库是 Python 的第三方库

B）通过 from random import * 可以引入 random 随机库

C）设定相同种子，每次调用随机函数生成的随机数相同

D）通过 import random 可以引入 random 随机库

【答案】A

【解析】random 库用于产生各种分布的伪随机数，是 Python 的标准库，而不是 Python 的第三方库。本题选择 A 选项。

【例2】以下关于 random. uniform(a,b)生成结果的说法中，正确的是( )。

A）生成一个取值范围为[a,b]的随机浮点数

B）生成一个取值范围为[a,b]的随机整数

C）生成一个均值为 a、方差为 b 的正态分布

D）生成一个取值范围为(a,b)的随机数

【答案】A

【解析】random. uniform(a,b):生成一个取值范围为[a,b]的随机浮点数。本题选择 A 选项。

8.3 time 库

8.3.1 time 库简介

【了解】time 库的应用范围
【掌握】time 库的相关函数使用

在 Python 语言中,时间处理库有很多,较为常用的是 datetime 库和 time 库。time 库是处理时间的标准库,可以格式化输出时间,也可以使程序暂停运行指定的时间。引用 time 库的方式有以下 3 种。

第1种:import time。此时调用 time 库函数的一般格式为 time.<函数名>()。

第2种:import time as t。此时对 time 库函数的调用将采用更为简洁的形式,即 t.<函数名>(),t 为 time 的别名。注意,此处的 t 也可以替换为其他任意别名。

第3种:from time import *。此时调用 time 库函数无须"time."作为前导,一般格式为<函数名>()。

8.3.2 time 库常用函数

1. time.time()

功能:返回当前时间的时间戳(从1970年1月1日00时00分00秒到现在的秒数的浮点数)。

例如

```
import time
print("当前时间戳:%f" % time.time())
```

2. time.gmtime([secs])

功能:将从1970年1月1日开始的、以秒表示的时间转换为结构时间,即协调世界时(Universal Time Coordinated,UTC)。如果未提供secs参数,则使用time()函数返回的当前时间进行转换。

参数:secs是指要转换为time.struct_time类型的秒数。

例如

```
import time
print(time.gmtime())
#运行程序
time.struct_time(tm_year=2019, tm_mon=8, tm_mday=8, tm_hour=4, tm_min=1, tm_sec=14, tm_wday=3, tm_yday=220, tm_isdst=0)
```

3. time.localtime([secs])

功能:与gmtime()函数类似,该函数将秒数转换为结构时间。如果未传入secs参数,就以当前时间为转换标准。

参数:secs是指要转换为time.struct_time类型的秒数。

例如

```
import time
localtime = time.localtime(time.time())
print(localtime)
```

4. time.ctime([secs])

功能:将以秒为单位的时间转换为表示时间的字符串。如果未提供secs,则使用time()函数返回的当前时间进行转换。

参数:secs是指要转换为字符串类型的秒数。

例如

```
import time
print(time.ctime())
#运行程序
Thu Aug 8 12:02:48 2019
```

5. time.mktime(t)

功能:执行与函数gmtime()、localtime()相反的操作,接收struct_time对象作为参数,返回用秒数表示的时间。

参数:t为struct_time类型或含有完整9个时间元素的元组。

例如

```
import time
```

```
t = (2019,8,8,20,1,14,3,220,0)
print(time.mktime(t))
#运行程序
1565265674.0
print(time.mktime(time.localtime()))
#运行程序
1565237173.0
```

8.3.3 strftime()函数的格式化控制符

time.strftime()函数用于接受时间元组形式表示的时间,并返回以字符串形式表示的时间,格式由参数format决定。其基本语法格式如下。

time.strftime(format [,t])

功能:把t指定的时间元组转化为格式化的时间字符串。t为可选项,如果t未指定,默认为time.localtime()的值。如果元组中任何一个元素越界,将会抛出ValueError异常。

参数:(1) t为要被格式化的时间,为一个可选参数;
(2) format为时间输出的格式。

例如

```
import time
print(time.strftime("%Y-%m-%d %H:%M:%S"))
print(time.strftime("%a %b %d %H:%M:%S %Y", time.localtime()))
#运行程序
2019-08-08 12:11:29
Thu Aug 08 12:11:29 2019
```

真题演练

【例】假设现在是2018年10月1日的下午2点20分7秒,则下面代码输出为(   )。
```
import time
print(time.strftime("%y-%m-%d@%H-%M-%S", time.gmtime()))
```
A)2018-10-1@14-20-7   B)2018-10-1@14-20-07
C)2018-10-01@-14-20-07   D)True@ True

【答案】B

【解析】time库是Python的标准库。使用gmtime()函数获取当前时间戳对应的对象;strftime()函数是时间格式化最有效的方法之一,几乎可以以任何通用格式输出时间,该方法利用一个格式字符串对时间格式进行指定。A选项中秒数显示错误,当秒数为个位数的时候前面的0不能省略;C选项中"@"字符后多了一个字符"-";D选项显示错误,不符合题目给出的时间输出。本题选择B选项。

8.4 上机实践——文本进度条刷新

当下载文件或更新程序时,界面一般会提供一个进度条,并提示用户已等待的时间。下面是一个Python小程序,主要用于展示进度条,即已完成进度以及用户已等待的时间。

例如

```
import time
s = 50
print("执行开始".center(s+14,"-"))
start = time.perf_counter()
for i in range(s+1):
    a = "*" * i
    b = "." * (s-i)
    c = (i/s)*100
    dur = time.perf_counter() - start
    print("\r{:<3.0f}% [{}->{}] time:{:.2f}".format(c,a,b,dur),end = "")
    time.sleep(0.1)
print()
print("执行结束".center(s+14,"-"))
```

此示例与前文介绍的 Python 语言程序代码有所不同,因为每次进度更新不应换行,而应不断进行刷新(用后输出的字符覆盖之前的字符),所以需要在命令提示符窗口下执行代码。在 IDLE 下执行时,输出会不停换行,如图 8.2 所示。

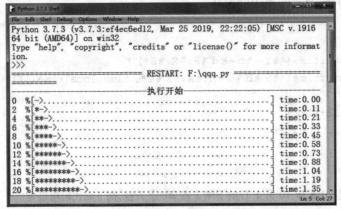

图 8.2　IDLE 的程序执行界面

从图 8.2 中可以看到输出会不停换行,所以需要使用命令提示符窗口执行代码。首先在"开始"菜单的搜索框中输入"cmd",按＜Enter＞键打开命令提示符窗口,然后切换到程序所在路径(此程序文件名为 qqq.py,且放置在计算机的 F 盘根目录内),在命令提示符窗口上输入"F:",按＜Enter＞键直接切换到 F 盘内。此时便可执行此程序,在命令提示符窗口输入"python qqq.py",然后按＜Enter＞键运行程序。程序运行过程界面如图 8.3 所示,程序运行结束界面如图 8.4 所示。

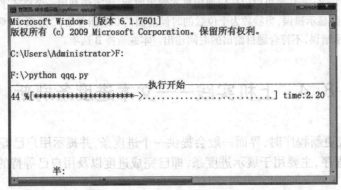

图 8.3　程序运行过程界面

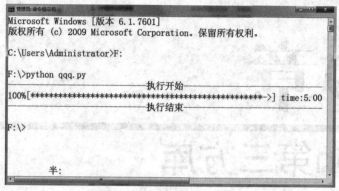

图 8.4　程序运行结束界面

课后总复习

1. 以下选项中,不能实现 turtle 画笔提起的是(　　)。
   A) turtle.up( )　　　B) turtle.penup( )　　　C) turtle.pu( )　　　D) turtle.pen( )
2. 以下哪一个不会是 random.uniform (10,13) 函数的值(　　)。
   A) 11.3　　　B) 13　　　C) 13.1　　　D) 10
3. random 库中用于生成随机浮点数的函数是(　　)。
   A) random( )　　　B) randint( )　　　C) getrandbits( )　　　D) randrange( )
4. time 库的 time.mktime(t) 函数的作用是(　　)。
   A) 将当前程序挂起 secs 秒,挂起即暂停执行
   B) 将 struct_time 对象变量 t 转换为时间戳
   C) 返回一个代表时间的精确浮点数,两次或多次调用后,其差值用于计时
   D) 根据 format 格式定义,解析字符串 t,返回 struct_time 类型时间
5. turtle 正方形绘制。使用 turtle 库,绘制一个边长值为 100 的正方形。
6. turtle 六边形绘制。使用 turtle 库,绘制一个边长值为 100 的六边形。
7. 使用 time 库的相关函数获取 3 天前的时间。

第9章
Python第三方库

章前导读

通过本章，你可以学习到：

- 使用pip安装第三方库
- PyInstaller库
- jieba库
- wordcloud库
- 其他第三方库

本章评估	
重要度	★★★
知识类型	实践
考核类型	选择题+应用题
所占分值	约30分
学习时间	4课时

学习点拨

掌握第三方库的作用；掌握pip安装和配置第三方库的方法；了解PyInstaller库的作用；掌握PyInstaller库的使用方法；了解jieba库的作用；掌握jieba库的使用方法；了解wordcloud库的作用；掌握wordcloud库的使用方法；了解其他第三方库的应用领域。

本章学习流程图

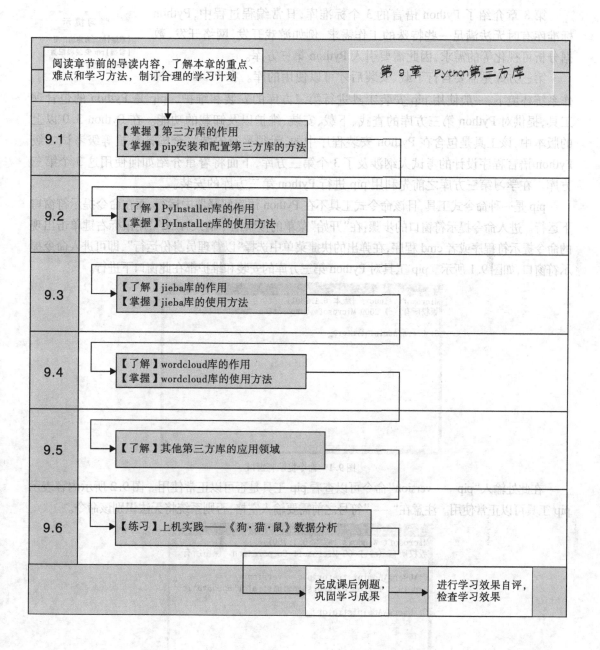

9.1 第三方库的安装

第 8 章介绍了 Python 语言的 3 个标准库,日常编程过程中,Python 标准库有时无法满足一些特殊的工作需求,例如游戏开发、网络开发、数据分析可视化等的需求,因此需要引入 Python 第三方库。

> **学习提示**
> 【掌握】第三方库的作用
> 【掌握】pip 安装和配置第三方库的方法

第三方库是需要自行下载、安装后才可以使用的库。在 Windows 操作系统环境下,一般使用 pip 安装工具进行第三方库的安装和维护。pip 是 Python 的包管理工具,提供对 Python 第三方库的查找、下载、安装、维护以及卸载的功能。在 Python 3.0 以上的版本中,该工具是包含在 Python 安装程序中的,无须另行安装。全国计算机等级考试二级 Python 语言程序设计的考试大纲涉及了 3 个第三方库,下面将着重介绍如何使用这 3 个第三方库。在学习第三方库之前先利用 pip 进行 Python 第三方库的安装。

pip 是一种命令式工具,且该命令式工具不在 Python 语言解释器中运行,而在命令提示符窗口下运行。进入命令提示符窗口的步骤为:在"开始"菜单的搜索框中输入"cmd",用鼠标右键单击出现的命令提示符程序或者 cmd 程序,在弹出的快捷菜单中选择"以管理员身份运行",即可进入命令提示符窗口,如图 9.1 所示。pip 工具对 Python 第三方库的安装和维护都在此窗口下进行。

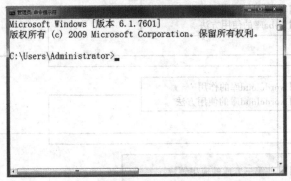

图 9.1 命令提示符窗口

在此处输入"pip --version"命令可以查看 pip 工具是否可以正常使用。图 9.2 所示内容表示 pip 工具可以正常使用。注意在"--"符号之前需要输入空格,否则系统将无法识别该命令。

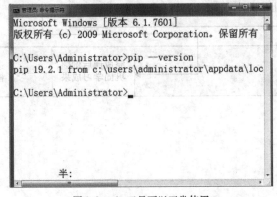

图 9.2 pip 工具可以正常使用

pip 工具基本的功能为安装、维护和卸载第三方库。可以在命令提示符窗口中直接输入"pip"命令并按<Enter>键，即可出现相关命令，如图9.3所示。该内容介绍了使用 pip 工具的命令的格式以及 pip 工具的全部命令。在日常使用中，可根据需要使用命令执行相应的功能。

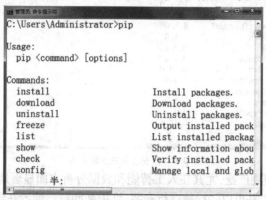

图9.3　pip 工具相关命令

首先需要学会使用"install"命令安装 Python 语言第三方库，"install"命令的使用方法很简单，基本语法格式如下。

pip install <第三方库名>

随后 pip 工具将自行联网下载并安装该第三方库，无须用户自行在网上查找，因此建议读者大部分情况下使用 pip 工具安装第三方库，如有少数第三方库无法安装，再选择在相关库的官网上下载并安装。

例如，希望安装 Django 库，用于 Web 开发，安装过程如图9.4所示，pip 工具将自动从网站上查找并下载 Django 库的资源，下载完成后将自行安装、配置，无须用户手动操作。

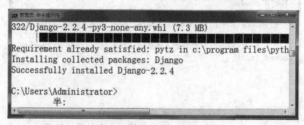

图9.4　Django 库安装过程

安装完成后，命令提示符窗口将会输出安装完成提示信息，并显示第三方库的版本信息，如图9.5所示。

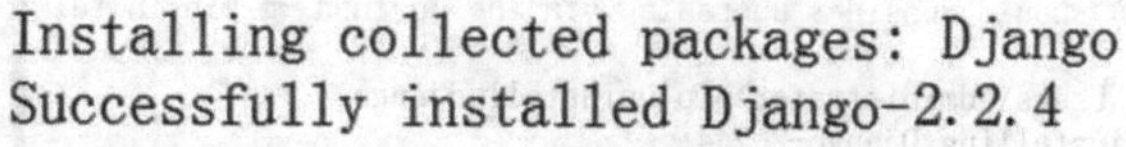

```
Installing collected packages: Django
Successfully installed Django-2.2.4
```

图9.5　安装完成提示信息

同样可以按照此方法安装其他第三方库，在安装完成后，还可以使用"list"命令查看已安装第三方库列表，如图9.6所示。

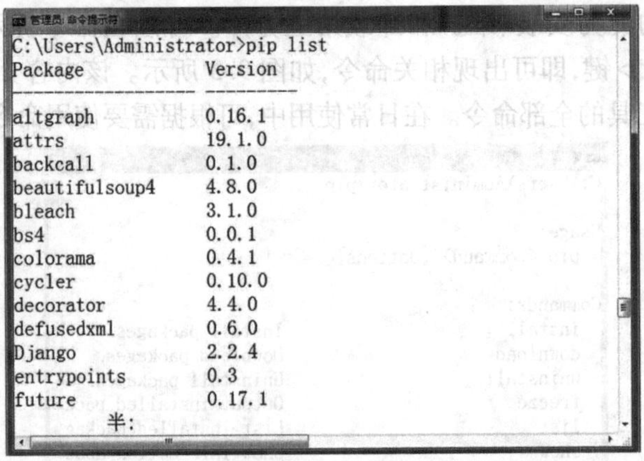

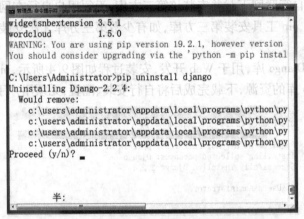

图9.6 已安装第三方库列表

Python语言之所以应用广泛,尤其在人工智能和数据分析方面显著地体现这个特点,主要就在于它拥有丰富的第三方库,并可以轻松地进行安装、维护和卸载。读者在学习第三方库的时候需要了解该库的常用命令和使用方法,在确定不需要使用该库的时候也可以对其进行卸载。例如,现在对之前安装的Django库进行卸载,使用"uninstall"命令。在卸载过程中还需要对卸载进行确认,如图9.7所示,输入"y"并按<Enter>键即确认卸载,输入"n"并按<Enter>键即取消卸载。这里确认卸载,卸载成功界面如图9.8所示。

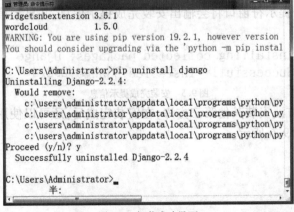

图9.7 使用"uninstall"卸载第三方库并确认卸载

图9.8 卸载成功界面

由于 Python 语言的某些第三方库只提供源代码,通过 pip 下载后无法在 Windows 操作系统编译和安装,会导致第三方库安装失败。因此,有专门的网页用于存放这些库的链接。

在网页中,读者可以选择 Python 对应版本的资源包,如此时选择"pygame-1.9.6-cp37-cp37m-win_amd64.whl"意味着 Python 语言解释器版本需为 3.7(64 位)。以此为例,安装时需要切换到文件所在的目录,安装命令为:

pip install pygame-1.9.6-cp37-cp37m-win_amd64.whl

9.2 PyInstaller 库

PyInstaller 库的主要功能是对 Python 源文件(以.py 为扩展名的文件)进行打包,将其转化为可执行文件(以.exe 为扩展名的文件),使程序可以独立于 Python 语言环境运行。且 Python 3.0 后的 PyInstaller 库与其他第三方库均可兼容,即使在一个 Python 源文件中使用了多种第三方库,PyInstaller 也可以进行打包操作。

学习提示
【了解】PyInstaller 库的作用
【掌握】PyInstaller 库的使用方法

9.2.1 PyInstaller 库简介

在使用 PyInstaller 库之前需要先通过 pip 工具安装 PyInstaller 库,安装语句的一般格式如下。

pip install PyInstaller

安装过后,在命令提示符窗口中进入需要打包的源文件所在目录,然后执行以下语句即可完成打包。其中-F 表示直接生成单个可执行文件。

PyInstaller -F 源文件名(包含扩展名)

下面提供一个画爱心的 Python 源文件(test.py)。

```
from turtle import *
def curvemove():
    for i in range(200):
        right(1)
        forward(1)
setup(600,600,400,400)
hideturtle()
pencolor('black')
fillcolor("red")
pensize(2)
begin_fill()
left(140)
fd(111.65)
curvemove()
left(120)
curvemove()
fd(111.65)
end_fill()
penup()
```

```
goto(-27,85)
pendown()
done()
```

首先通过命令提示符窗口进入 test.py 所在的目录。本例中,源文件在 E 盘的根目录下,切换到 E 盘,如图 9.9 所示。

图 9.9 切换到 E 盘

然后执行打包操作"PyInstaller -F test.py"即可完成打包。打包之后在 E 盘的 dist 目录下直接运行可执行文件 test.exe,便会出现程序运行(画爱心)的界面。

9.2.2 PyInstaller 库常用参数

9.2.1 节提到的打包语句使用了 -F 参数,该参数的作用是只产生独立的打包文件。除参数 -F 之外,PyInstaller 库还可以使用其他参数,如表 9.1 所示。对于相关参数,只要求了解,无须全部掌握。

表 9.1 PyInstaller 库的其他参数

参数	说明
-F,-onefile	生成结果是一个 .exe 文件,所有的第三方依赖、资源和代码均被打包进该 .exe 文件内
-D,-onedir	生成结果是一个目录,各种第三方依赖、资源和 .exe 文件同时存储在该目录内
-i <图标名.ico>	指定打包文件使用的图标
-h	查看帮助文档
-specpath	指定 .spec 文件的存储路径
-distpath	指定生成文件位置

9.3 jieba 库

英文单词之间是通过空格分隔的,但是中文却不存在空格的概念,因此需要一个库来解决中文的分词问题。jieba 库是一个 Python 第三方中文分词库,可以用于将语句中的中文词语分离出来。

学习提示
【了解】jieba 库的作用
【掌握】jieba 库的使用方法

安装 jieba 库的方法与安装其他第三方库类似,采用"pip install jieba"命令即可。若需要在程序中使用 jieba 库,首先要通过"import jieba"语句引入 jieba 库。jieba 库支持 3 种分词模式:全模式、精准模式和搜索引擎模式。

1. 全模式

全模式可以将句子中所有可能的词语全部提取出来,此种模式提取速度快,但可能会出现冗余词汇。全模式的基本语法格式如下。

jieba.lcut(seq,cut_all = True)

例如

```
import jieba
seq = "学习一门新的编程语言"
ls = jieba.lcut(seq, cut_all = True) # 全模式,使用 cut_all = True 指定
print(ls)
#运行程序
['学习','一门','新','的','编程','编程语言','语言']
```

可以看出,通过全模式分隔出的词语会出现冗余,例如本例中的"编程""编程语言"和"语言"。但全模式的覆盖面广泛,在有些场合其也有作用。

2. 精准模式

精准模式通过优化的智能算法将语句精准地分隔,适用于文本分析。精准模式的基本语法格式如下。

jieba.lcut(seq)

例如

```
import jieba
seq = "学习一门新的编程语言"
ls = jieba.lcut(seq) # 精准模式
print(ls)
#运行程序
['学习','一门','新','的','编程语言']
```

精准模式分隔的词语可以正好拼接成原句子,因此不会出现词语的不必要重复。

3. 搜索引擎模式

搜索引擎模式在精准模式的基础上对词语进行再次划分,提高召回率,适用于搜索引擎分词。搜索引擎模式的基本语法格式如下。

jieba.lcut_for_search(seq)

例如

```
import jieba
seq = "学习一门新的编程语言"
ls = jieba.lcut_for_search(seq) # 搜索引擎模式
print(ls)
#运行程序
['学习','一门','新','的','编程','语言','编程语言']
```

jieba 库分词虽然便利,但是如果出现一些新词语就会导致 jieba 库并不能很好地分辨它们。此时 jieba 库为编程人员提供了 add_word()函数,此函数可以向 jieba 库的内置字典增加新词语,增加过后,当 jieba 库遇到新词语的时候便能对词语进行相应的分隔。其基本语法格式如下。

jieba.add_word(w)

例如

```
import jieba
s = "学习一门新的编程语言"
jieba.add_word('学习一门')
ls = jieba.lcut(s)
print(ls)
#运行程序
```

['学习一门', '新', '的', '编程语言']

可以很明显地看出通过 add_word()函数添加了新词语后，lcut()函数的执行结果与此前已有不同。

9.4 wordcloud 库

wordcloud 库是用于以词云方式显示文本的第三方库，主要用途是根据词语在文本中出现的频率设计文本的大小来完成"关键词渲染"，从而使用户能够在视觉上直观地感受文本的大致主题和关键词。

学习提示

【了解】wordcloud 库的作用
【掌握】wordcloud 库的使用方法

9.4.1 wordcloud 库的使用

wordcloud 库在使用前需要使用 import 语句引入。wordcloud 库把词云当作一个对象，它可以将文本中词语出现的频率作为一个参数绘制词云，而词云的大小、颜色、形状等都是可以设定的。生成词云的函数为 WordCloud 类的 generate()函数，可以在构造函数 WordCloud()中进行基本参数的配置，完成后通过 to_file()方法生成一张图片。

例如

```
from wordcloud import WordCloud
seq = """ Python language is a high - level language in computer programming
language. It is widely used in data analysis and artificial intelligence and other
computer fields. Python supports a variety of third-party libraries and is easy to
download and install."""
wordcloud = WordCloud (background_color = "white",
                      width = 600,
                      height = 400).generate(seq)
wordcloud.to_file('词云.png')
```

程序运行后生成的词云效果如图 9.10 所示。

图 9.10 wordcloud 库生成的词云效果

9.4.2 WordCloud 类常用参数

WordCloud 类在实例化的时候可以进行参数的设置，这些参数决定词云最终的样式。

WordCloud 类常用参数如表 9.2 所示。

表 9.2 WordCloud 类常用参数

参数	描述
width	指定生成图片的宽度,以像素为单位
height	指定生成图片的高度,以像素为单位
min_font_size	设置词云中最小的字号
max_font_size	设置词云中最大的字号
font_path	指定字体的路径,默认为空
mask	设置词云的形状,默认为方形
stop_words	设置排除的词语,排除后该词语将不出现在词云中
max_words	设置词云中最大的词语出现次数,默认为 200
font_step	设置词云中字号步进间隔,默认为 1
background_color	设置图片背景色,默认为黑色

在 Python 语言中,还可以指定根据某张图片生成词云,生成的词云形状与指定的图片相似。

例如

```
from wordcloud import WordCloud as w
from scipy.misc import imread
m = imread('1.jpeg')
txt = ''' 人之初,性本善。性相近,习相远。
苟不教,性乃迁。教之道,贵以专。
昔孟母,择邻处。子不学,断机杼。
窦燕山,有义方。教五子,名俱扬。
养不教,父之过。教不严,师之惰。
子不学,非所宜。幼不学,老何为。
玉不琢,不成器。人不学,不知义。
为人子,方少时。亲师友,习礼仪。
香九龄,能温席。孝于亲,所当执。
融四岁,能让梨。弟于长,宜先知。
首孝悌,次见闻。知某数,识某文。
一而十,十而百。百而千,千而万。
三才者,天地人。三光者,日月星。
三纲者,君臣义。父子亲,夫妇顺。'''
wordcloud = w(background_color = 'white',
              width = 80,
              height = 60,
              max_words = 200,
              max_font_size = 30,
              font_path = 'MSYH.TTC',
              mask = m).generate(txt)
wordcloud.to_file('1.jpg')
```

在此源程序同目录下放置一张图片 1.jpeg,如图 9.11 所示,并且此程序使用了字体 MSYH.TTC,所以该字体文件也要放在此目录下,生成的图片 1.jpg 如图 9.12 所示。

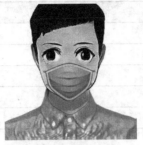
图 9.11　1.jpeg

图 9.12　1.jpg

在本例中使用了 imread( ) 函数,如果 imread( ) 函数使用失败,则需要自行安装 imageio 模块,将例中程序的第二行替换为"from imageio.v2 import imread"即可。

9.5　第三方库分类

前文介绍了 3 个常用的第三方库,但是对 Python 语言来说,还有大量的第三方库。下面对部分常用的第三方库进行分类,读者若对 Python 某一方面的功能更感兴趣,可依此分类进行学习。

学习提示
【了解】其他第三方库的应用领域

Web 开发方向,主要进行网站的开发、优化和完善等工作,即开发不需要安装桌面程序、直接通过浏览器进行操作的程序。Python 语言在此方向发展得极为成熟,主要的第三方库有 Django 框架、Flask 框架等。

游戏开发方向,主要进行游戏制作,操控如音响、摄像头和键盘等硬件。Python 语言中该方向主要的第三方库有 pygame 库、cocos2d 库等。

网络爬虫方向,主要进行数据爬取、从网络上获取数据等操作。Python 语言中该方向主要的第三方库有 Requests 库、Scrapy 框架等。

文本处理方向,主要用于分析文本、提取有用的数据,常用在爬虫程序,对从网络上获取的数据进行处理,并存储需要的数据。Python 语言中该方向主要的第三方库有 Beautiful Soup 4 库、RE 库等。

数据分析方向,主要用于科学计算、数据运算。Python 语言中该方向主要的第三方库有 NumPy 库、pandas 库等。

图形化编程方向,主要用于制作具有图形化界面的程序,将程序功能与图形界面上的按钮、滚轮等绑定。Python 语言中该方向主要的第三方库有 PyQt5 库、Tkinter 库等,pygame 库也算是一种图形编程的第三方库。

人工智能方向,主要用于通过不断的分析数据,生产一种新的能以人类思考相似的方式做出反应的智能程序。该方向应用包括机器人、语言识别、图像识别和自然语言处理等。Python 语言中该方向主要的第三方库有 scikit-learn 库、TensorFlow 库等。

9.6 上机实践——《狗·猫·鼠》数据分析

《狗·猫·鼠》是鲁迅先生作品《朝花夕拾》中的一篇散文。请根据以下给出的问题编写代码。

问题一：编写程序，使用 Python 中文分词第三方库 jieba 对文件 data.txt（存储《狗·猫·鼠》部分内容的文件）进行分词（将词语"仇猫"添加进 jieba 字典中），并将结果写入文件 out.txt 中，每行一个词，保留标点符号，不保留换行符和空格。

例如👉

从
去年
起
，
仿佛
听得
有人
说
我
是
仇猫
的
。
那
根据
自然

问题二：编写程序，对文件 out.txt 进行分析，输出词语"仇猫"出现的次数。

例如👉

仇猫：8

下面给出《狗·猫·鼠》的部分内容（读者可以自行从网上下载）。

从去年起，仿佛听得有人说我是仇猫的。那根据自然是在我的那一篇《兔和猫》；这是自画招供，当然无话可说，——但倒也毫不介意。一到今年，我可很有点担心了。我是常不免于弄弄笔墨的，写了下来，印了出去，对于有些人似乎总是搔着痒处的时候少，碰着痛处的时候多。万一不谨，甚而至于得罪了名人或名教授，或者更甚而至于得罪了"负有指导青年责任的前辈"之流，可就危险已极。为什么呢？因为这些大脚色是"不好惹"的。怎地"不好惹"呢？就是怕要浑身发热之后，做一封信登在报纸上，广告道："看哪！狗不是仇猫的么？鲁迅先生却自己承认是仇猫的，而他还说要打'落水狗'！"这"逻辑"的奥义，即在用我的话，来证明我倒是狗，于是而凡有言说，全都根本推翻，即使我说二二得四，三三见九，也没有一字不错。这些既然都错，则绅士口头的二二得七，三三见千等等，自然就不错了。

我于是就间或留心着查考它们成仇的"动机"。这也并非敢妄学现下的学者以动机来褒贬作品的那些时髦,不过想给自己预先洗刷洗刷。据我想,这在动物心理学家,是用不着费什么力气的,可惜我没有这学问。后来,在覃哈特博士(Dr. O. Dähnhardt)的《自然史底国民童话》里,总算发见了那原因了。据说,是这么一回事:动物们因为要商议要事,开了一个会议,鸟、鱼、兽都齐集了,单是缺了象。大家议定,派伙计去迎接它,拈到了当这差使的阄的就是狗。"我怎么找到那象呢?我没有见过它,也和它不认识。"它问。"那容易,"大众说,"它是驼背的。"狗去了,遇见一匹猫,立刻弓起脊梁来,它便招待,同行,将弓着脊梁的猫介绍给大家道:"象在这里!"但是大家都嗤笑它了。从此以后,狗和猫便成了仇家。

日耳曼人走出森林虽然还不很久,学术文艺却已经很可观,便是书籍的装潢,玩具的工致,也无不令人心爱。独有这一篇童话却实在不漂亮;结怨也结得没有意思。猫的弓起脊梁,并不是希图冒充,故意摆架子的,其咎却在狗的自己没眼力。然而原因也总可以算作一个原因。我的仇猫,是和这大大两样的。

其实人禽之辨,本不必这样严。在动物界,虽然并不如古人所幻想的那样舒适自由,可是噜苏做作的事总比人间少。它们适性任情,对就对,错就错,不说一句分辩话。虫蛆也许是不干净的,但它们并没有自鸣清高;鸷禽猛兽以较弱的动物为饵,不妨说是凶残的罢,但它们从来就没有竖过"公理""正义"的旗子,使牺牲者直到被吃的时候为止,还是一味佩服赞叹它们。人呢,能直立了,自然是一大进步;能说话了,自然又是一大进步;能写字作文了,自然又是一大进步。然而也就堕落,因为那时也开始了说空话。说空话尚无不可,甚至于连自己也不知道说着违心之论,则对于只能嗥叫的动物,实在免不得"颜厚有忸怩"。假使真有一位一视同仁的造物主,高高在上,那么,对于人类的这些小聪明,也许倒以为多事,正如我们在万生园里,看见猴子翻筋斗,母象请安,虽然往往破颜一笑,但同时也觉得不舒服,甚至于感到悲哀,以为这些多余的聪明,倒不如没有的好罢。然而,既经为人,便也只好"党同伐异",学着人们的说话,随俗来谈一谈,——辩一辩了。

……

```
#问题一的代码
import jieba
f = open('data.txt','r',encoding='utf-8')
lines = f.readlines()
f.close()
f = open('out.txt','w',encoding='utf-8')
jieba.add_word('仇猫')
for line in lines:
    line = line.strip()
    wordlist = jieba.lcut(line)
    f.write('\n'.join(wordlist))
f.close()
#问题二的代码
import jieba
f = open('out.txt','r',encoding='utf-8')
lines = f.readlines()
f.close()
```

```
s = 0
for line in lines:
    line = line.strip()
    if line == '仇猫':
        s += 1
print('仇猫:',s)
```

课后总复习

1. 以下选项中是 Python Web 开发方向的第三方库的是（　　）。
   A）NumPy　　　　　　B）SciPy　　　　　　C）Matplotlib　　　　D）Django
2. 以下选项中是 Python 图像化界面库的是（　　）。
   A）NumPy　　　　　　B）Scapy　　　　　　C）PyQt5　　　　　　D）Pillow
3. 用于安装 Python 第三方库的工具是（　　）。
   A）jieba　　　　　　　B）yum　　　　　　　C）loso　　　　　　　D）pip
4. 给定一个 Python 源程序文件 test.py，图标文件为 mypic.ico，将其打包为带有上述图标的单一可执行文件，应使用什么样的命令？
5. 以给定的一句话作为字符串变量 seq，完善下列程序，要求使用 Python 内置函数及 jieba 库中的函数计算字符串 s 的中文字符个数及中文词语个数。注意，中文字符包含中文标点符号。
   import jieba
   seq = "编程语言的描述一般可以分为语法及语义。语法说明编程语言中，哪些符号或文字的组合方式是正确的，语义则是对编程的解释。"
   n = ＿＿＿＿＿＿
   m = ＿＿＿＿＿＿
   print("中文字符数为{}，中文词语数为{}。".format(n, m))
6. 某班学生评选一等奖学金，学生的 10 门主干课成绩存在文件 score.txt（请自行按照格式创建文件 score.txt）中，每行为一个学生的信息，分别记录了学生学号、姓名以及 10 门课成绩，格式如下：
   1010112161716 郑一 68 66 83 77 56 73 61 69 66 78
   1010112161717 沈二 91 70 81 91 96 80 78 91 89 94
   ……
   从这些学生中选出奖学金候选人，条件：①总成绩排名在前 10 名；②全部课程及格（成绩大于等于 60）。
   问题1：给出按总成绩从高到低排序的前 10 名学生名单，并写入文件 candidate0.txt，每行记录一个学生的信息，分别为学生学号、姓名以及 10 门课成绩。
   问题2：读取文件 candidate0.txt，从中选出候选人，并将学号和姓名写入文件 candidate.txt，格式如下。
   1010112161722 张三
   1010112161728 李四
   ……

第10章

面向对象

章前导读

通过本章,你可以学习到:
- 面向对象的概念
- 创建类和实例
- 继承的使用
- 方法重写和运算符重载

本章评估		学习点拨
重要度	★	了解面向对象与面向过程的区别;了解面向对象的特征;了解类的创建和实例;了解类的属性和方法;了解继承的使用;了解方法重写和运算符重载。
知识类型	理论	
学习时间	4课时	

本章学习流程图

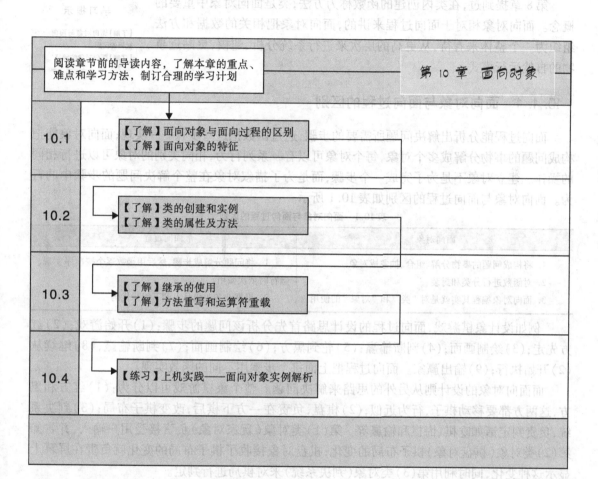

10.1 面向对象的概念

第8章提到过,在类内创建的函数称为方法,类是面向对象中重要的概念。面向对象相对于面向过程来讲的,面向对象把相关的数据和方法组织为一个整体来看待,从更高的层次来进行系统分析、建模,更贴近事物的自然运行模式。

学习提示
【了解】面向对象与面向过程的区别
【了解】面向对象的特征

10.1.1 面向对象与面向过程的区别

面向过程能分析出解决问题所需要的步骤,通过函数把这些步骤一一实现;面向对象能把构成问题的事物分解成多个对象,每个对象可以有一系列行为,相同类别的对象可以进行相同的操作。建立对象不是为了完成一个步骤,而是为了描叙对象在整个解决问题的步骤中的行为。面向对象与面向过程的区别如表10.1所示。

表10.1 面向对象与面向过程的区别

面向对象	面向过程
1. 将构成问题的事物分解、组合、抽象成对象 2. 对函数进行分类和封装 3. 面向对象编程其实就是对"类"和"对象"的使用	1. 将问题分解成步骤,然后用函数逐个按次序实现,运行时依次调用 2. 根据业务逻辑从上到下编写代码

例如设计象棋游戏,面向过程的设计思路首先分析该问题的步骤:(1)开始游戏;(2)红方先走;(3)绘制画面;(4)判断输赢;(5)轮到黑方;(6)绘制画面;(7)判断输赢;(8)继续从(2)开始执行;(9)输出赢家。面向过程把上面每个步骤用不同的函数实现。

而面向对象的设计则从另外的思路来解决问题。整个象棋游戏可以分为:(1)红方和黑方,这两方都要移动棋子,行为近似;(2)棋盘,负责在一方下棋后,改变棋子布局;(3)判决系统,负责判定诸如吃棋、悔棋和输赢等。第(1)类对象(玩家对象)负责接受用户输入,并告知第(2)类对象(棋盘对象)棋子布局的变化,棋盘对象接收了棋子布局的变化就负责在屏幕上显示这种变化,同时利用第(3)类对象(判决系统)来对棋局进行判定。

可以明显地看出,面向对象以功能来划分问题,只要两个对象功能相似,它们就是同一类对象。同样是绘制棋局,这样的行为在面向过程的设计中分散在了多个步骤中,很可能出现不同的绘制版本,因为通常编程人员会考虑实际情况进行各种各样的简化。而面向对象的设计中,绘制棋局只可能在棋盘对象中出现,从而保证了绘制棋局的统一。

10.1.2 面向对象的特征

在Python中,面向对象包含着三大特征。
(1)封装:根据职责将属性和方法封装到一个抽象的类中。
①封装是面向对象编程的一大特点。
②面向对象编程的第一步是将属性和方法封装到一个抽象的类中(抽象是因为类不能直接使用)。

③外界使用类创建对象,然后让对象调用方法。
④对象方法的细节都被封装在类的内部。
(2)继承:实现代码的重用,相同的代码不需要被重复地编写。
①子类拥有父类以及父类中封装的所有属性和方法。
②如果在开发过程中,父类方法的实现和子类方法的实现完全不同,就可以使用覆盖的方法在子类中重写父类中的方法。

如果子类重写了父类的方法,在运行中,只会调用在子类中重写的父类的方法而不会调用父类的方法。

③如果在开发过程中,子类方法的实现包含父类方法的实现(父类原本封装的方法实现是子类方法的一部分),就可以使用扩展方法。

扩展父类的方法:在需要位置使用父类名.方法(self)调用父类方法,代码其他位置针对子类的需求,编写子类特有的代码实现。

(3)多态:以封装和继承为前提,不同的子类对象调用相同的方法,会产生不同的执行结果。
①多态指的是含有多种形态的一类事物,一个抽象类含有多个子类,因而多态的概念依赖于继承。
②多态是调用方法的技巧,不会影响到类的内部设计。

10.2 类和实例

类是面向对象程序设计的核心,是通过抽象数据类型方法实现的一种用户自定义数据类型,它同时包含数据和对数据进行操作的方法。利用类可以实现数据的封装和隐藏。

【了解】类的创建和实例
【了解】类的属性及方法

类是对某一类对象的抽象,而单个对象是类的一个实例,类和对象是密切相关的——没有脱离对象的类,也没有不依赖类的对象。

10.2.1 类的创建

在 Python 语言中,类的基本创建语法通过 class 保留字实现,基本语法格式如下。
class <类名>(继承列表):
  """类的文档字符串"""
  类的成员

其中 class 是声明类的保留字;<类名>是要声明的类的名字,且必须符合标识符的定义规则;类是由属性和方法组成的,分别描述类所表达问题的属性和行为。

10.2.2 类的实例

实例就是类的具体对象。一个对象必须属于一个已知的类,因此在使用对象之前,必须创建这个对象,基本语法格式如下。

实例名 = 类名([创建传参列表])

下面通过一个简单的例子定义一个类,并创建该类的实例。

#创建一个 Human 类,类中有两个实例方法:set_info(self, name, age, address = "未知")用于设置 name、age, address 这 3 个属性的值;show_info(self)用于显示类的属性值。

```
class Human:
    def set_info(self,name,age,address = "未知"):
        self.name = name
        self.age = age
        self.addr = address

    def show_info(self):
        print(self.name,self.age,self.addr)

h1 = Human()
h1.set_info('小张', 20, '安徽省合肥市')
h2 = Human()
h2.set_info('小李',18)
h1.show_info() # 小张 20 安徽省合肥市
h2.show_info() # 小李 18 未知
print(h2.age) #18
print(h1.age) #20
```

观察上述代码,程序定义了名为 Human 的类,类中含有两个方法:set_info()和 show_info()。程序定义了两个实例变量 h1 和 h2,并通过实例变量 h1 和 h2 调用类的方法。调用 set_info()方法设置 name、age 和 address 属性值,调用 show_info()方法显示属性值。

> **请注意** 在定义类的方法时,每个方法的括号内都有一个 self 参数。self 在定义类的方法时是必须有的,在调用时会自动传入。独立的函数或方法是不必带有 self 的。self 是指调用时类的实例,类中方法的第一个参数是 self 时,该方法才可以被实例调用,类中带 self 的参数都是实例的参数,实例对这个参数拥有所有权,即实例中所有的方法都可以使用实例的参数。

10.2.3 类的属性及方法

类的属性及方法是面向对象程序设计中常见的概念,属性和方法是类的两个基本的成员。属性就是类的数据,方法就是类中定义的函数。

在 10.2.2 小节中定义了 Human 类:

```
class Human:
    def set_info(self,name,age,address = "未知"):
        self.name = name
        self.age = age
        self.addr = address

    def show_info(self):
```

```
        print(self.name,self.age,self.addr,self.sex)
```

在这个例子里定义了类的 3 个属性:name、age 和 address。本例就是常见的属性定义形式。类中的属性有很多种,下面逐一介绍。

类的成员变量的定义基本语法格式如下。

class 类名:
  def __init__(self):
    self.变量名1 = 值1 #定义一个成员变量

成员变量可以由类的对象调用,且成员变量是绑定在各个实例上的,实例修改自己的属性不会影响其他实例。这里可以看出成员变量是以 self. 的形式给出的,因为 self 就代表实例对象,且成员变量需要在初始化方法中给出,这也是它与其他实例属性的区别。

例如

```
class Human:
    def __init__(self):      #初始化方法创建实例,即立即自动调用
        self.name ='张三'


#执行下面语句
h1 = Human()
print(h1.name)    #张三
h2 = Human()
print(h2.name)    #张三
h1.name ='李四'
print(h1.name)    #李四
print(h2.name)    #张三
```

类属性:直接在类中创建的属性称为类属性。类属性有且只有一组,创建的实例都会继承唯一的类属性。意思就是绑定在一个实例上的属性不会影响其他的实例,但是如果在类上绑定一个属性,那么所有的实例都可以访问类属性,且访问的类属性是同一个,一旦类属性改变就会影响所有的实例。

例如

```
class Human:
    cym =[]              #曾用名
    def set_info(self,name,age,address = "未知"):
        self.name = name
        self.age = age
        self.addr = address

    def show_info(self):
        print(self.name,self.age,self.addr,self.sex)

#执行下面的语句
h1 = Human()
h2 = Human()
```

```
h1.sex = '男'
h1.set_info('小张', 20, '安徽省合肥市')
h1.cym.append('大张')
print(Human.xiaoming)              #[]
print(h1.cym)                      #大张
print(Human.cym)                   #大张
print(h2.cym)                      #大张
```

私有属性：在创建时使用"__"的变量，私有属性不可被外部调用，只可以在类的内部使用，在类的外部访问它时程序会报错。

例如

```
class Human:
    cym = [] #曾用名
    def set_info(self, name, age, address = "未知"):
        self.name = name
        self.age = age
        self.addr = address
        self.__id = '123'

    def show_info(self):
        print(self.__id)

#执行下面的语句
h1 = Human()
h1.sex = '男'
h1.set_info('小张', 20, '安徽省合肥市')
h1.show_info()                     #123
print(h1.__id)                     #报错
#执行下面的语句
print(Human.__id)                  #报错
```

在 Python 语言中，只要新建了类，系统就会自动创建一些属性，这些自带的属性称为内置属性，内置属性可以通过 dir() 函数查看。

例如

```
print(dir(Human))

#运行程序
['_Human__id', '__class__', '__delattr__', '__dict__', '__dir__', '__doc__', '__eq__', '__format__', '__ge__', '__getattribute__', '__gt__', '__hash__', '__init__', '__init_subclass__', '__le__', '__lt__', '__module__', '__ne__', '__new__', '__reduce__', '__reduce_ex__', '__repr__', '__setattr__', '__sizeof__', '__str__', '__subclasshook__', '__weakref__', 'set_info', 'show_info', 'xiaoming']
```

在上述内容中，含有"__Human"的属性都是私有属性，例如__Human__id。还可以看到一些未创建的属性__init__、__dir__等，Human类并没有创建这些属性。这是因为在创建类的时候，Python语言解释器会自动添加这些属性。

例如__doc__属性，此属性可以调用文档字符串。文档字符串在第7章中曾描述过，在类中也可以有相似的操作。

```
class Human:
    """此类是描述人类的类,此类属性可以含有年龄、姓名、性别和地址等,
    也可以自行添加属性"""
    pass

print(Human.__doc__)
```

```
#运行程序
此类是描述人类的类,此类属性可以含有年龄、姓名、性别和地址等,
也可以自行添加属性
```

在 Python 中，类的方法也分为公有方法和私有方法，它们定义的基本语法格式如下。

```
class 类名:
    def 方法名(self):  # 定义一个公有方法
        #实际代码处理块
    def __方法名(self):  # 定义个私有方法
        #实际代码处理块
```

在前面的内容定义的 Human 类中，方法 set_info() 和方法 show_info() 为公有方法。下面展示了私有方法的使用。

例如

```
class Human:
    def __a(self):
        print("你好")
    def show_neibu(self):
        self.__a()
h1 = Human()
h1.show_neibu()
```

```
#运行程序
你好
```

在方法名前加"__"该方法就变成了私有方法，私有方法不能被直接调用，必须在类中构造另一个函数来调用私有方法。一般情况下私有方法的作用是在开发过程中保护核心代码。

类开始实例化的时候最先被调用的是初始化方法，即构造方法，也称为构造函数，它用于初始化实例的属性。它的基本语法格式如下。

```
class 类名:
    def __init__(self,形参):
        #构造方法的实际代码处理块
```

167

例如
```
class Human:
    def __init__(self,name,age,address = "未知"):
        self.name = name
        self.age = age
        self.addr = address

    def show_info(self):
        print(self.name,self.age,self.addr,self.sex)

h1 = Human('小张', 20, '安徽省合肥市')
h1.sex = '男'
h1.show_info()

#运行程序
小张 20 安徽省合肥市 男
```
此时实例并没有调用__init__()方法,但同样输出了实例h1的属性值,这是因为在创建h1对象的时候便调用了初始化方法。初始化方法在创建对象的时候被调用,所以传入的初始值要放在创建对象语句中类后面的括号里。

请注意：初始化方法和实例方法的区别：通常先写初始化方法再写实例方法；初始化方法无须调用,实例方法要通过实例调用。

10.3 类的继承

Python语言同样支持类的继承,一个类通过继承的方式可以得到另一个类的方法和属性,同时,这个类还含有自己的方法和属性。例如动物包含猫、狗、鸡等多个类,这时候创建一个猫类,它含有动物的属性,例如毛发、年龄、体积等。同时它也含有自己的特征,比如地区、品种等。猫类继承了动物类的属性和方法,但同时也含有自己的属性和方法。对面向对象来说,被继承类称为父类,继承类称为子类。类继承的基本语法格式如下。

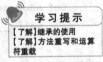

```
class 子类名(父类名):
    ''' 文档字符串,一般介绍本类的操作方法、
固有属性,以及父类的属性'''
    语句块
```

10.3.1 继承的使用

Python语言中类的继承的使用方式如下：
```
class Human:
```

```
    def __init__(self,name,age,address = "未知"):
        self.name = name
        self.age = age
        self.addr = address

    def show_info(self):
        print(self.name,self.age,self.addr)

class Student(Human):
    id = "空"
    def banji(self,zhuanye,banj):
        print(self.name,self.age,self.addr,zhuanye,banj,self.id)

h1 = Student('小张','20','合肥')
h1.id = 2019000311
h1.banji('计算机','3 班')
h1.show_info()

#运行程序
小张 20 合肥 计算机 3 班 2019000311
小张 20 合肥
```

上述程序创建了 Human 类和 Student 类，Student 类继承 Human 类及其所有公有属性和方法。Student 类只定义了 banji( )方法，在此方法中传入"zhuanye""banj"两个值，以及公有属性"id"，其余的属性全部从 Human 类继承得来。

Student 类继承了 Human 类，也同时继承初始化方法，创建、生成 Student 实例时，调用初始化方法。

Python 语言也支持继承多个类，称为多继承。

例如

```
class Human:
    def __init__(self,name,age,address = "未知"):
        self.name = name
        self.age = age
        self.addr = address

    def show_info(self):
        print(self.name,self.age,self.addr)

class Man():
    def show_info(self):
        print('男')
```

```
class Student(Man,Human):
    id = "空"
    def banji(self,zhuanye,banj):
        print(self.name,self.age,self.addr,zhuanye,banj,self.id)


h1 = Student('小张','20','合肥')
h1.id = 2019000311
h1.banji('计算机','3 班')
h1.show_info()

#运行程序
小张 20 合肥 计算机 3 班 2019000311
男
```

Student 类继承了 Human 类和 Man 类。两个父类都包含 show_info( )方法,通过输出结果可以看出,子类实例调用 Man 类的方法,这是因为编写继承语法的时候,Man 类写在 Human 类的前面,Python 语言解释器从左到右查找父类中是否包含可用方法,只要查到就立即调用。

10.3.2 方法重写

方法重写也被称为方法重载,意思就是在子类中重新编写父类中的方法。因为很多时候,父类中的方法并不完全适合子类,就需要在子类中重写方法。

例如

```
class Human:
    def __init__(self,name,age,address = "未知"):
        self.name = name
        self.age = age
        self.addr = address

    def show_info(self):
        print(self.name,self.age,self.addr)


class Man(Human):
    def show_info(self):
        print('男')


class Student(Man):
    id = "空"
    def banji(self,zhuanye,banj):
        print(self.name,self.age,self.addr,zhuanye,banj,self.id)


h1 = Student('小张','20','合肥')
h1.id = 2019000311
```

```
h1.banji('计算机','3 班')
h1.show_info()
```

#运行程序
小张 20 合肥 计算机 3 班 2019000311
男

此处让 Man 类继承 Human 类,再让 Student 类继承 Man 类,Man 类里有与 Human 类同名的 show_info( )方法,所以 Man 类重写了 Human 类的 show_info( )方法。当 Student 类创建的实例调用 show_info( )方法时调用的是 Man 类重写的方法,而不是 Human 类的原始方法。

如果想在子类 Man 中调用父类 Human 的 show_info( )方法,可以借助函数 super( )完成。

例如

```
class Human:
    def __init__(self,name,age,address = "未知"):
        self.name = name
        self.age = age
        self.addr = address

    def show_info(self):
        print(self.name,self.age,self.addr)

class Man(Human):
    def show_info(self):
        print('男')
        super().show_info()

class Student(Man):
    id = "空"
    def banji(self,zhuanye,banj):
        print(self.name,self.age,self.addr,zhuanye,banj,self.id)

h1 = Student('小张','20','合肥')
h1.id = 2019000311
h1.banji('计算机','3 班')
h1.show_info()
```

#运行程序
小张 20 合肥 计算机 3 班 2019000311
男
小张 20 合肥

可以看到,在引用了 super( )函数后,子类 Man 的 show_info( )方法调用了父类 Human 的 show_info( )方法。

10.3.3 运算符重载

在 Python 语言中，运算符其实也是类的方法，比如加、减、乘、除分别依次对应着__add__()、__sub__()、__mul__()和__div__()。在编写类的时候也可以用用户编写的方法替代这些方法，这样可以实现一些特殊的运算。

例如

```python
class Human:
    def set_info(self,name,age,address = "未知"):
        self.name = name
        self.age = age
        self.addr = address

    def show_info(self):
        print(self.name,self.age,self.addr)
    def __sub__(self,x):
        return 'nihao'


h1 = Human()
h1.set_info('小张',20,'安徽省合肥市')
print(h1-10)


#运行程序
你好
```

此处只对减法运算符进行了重载，利用这种编写方式，还可以对加法、乘法和除法进行类似的操作，此处不赘述，读者如有兴趣可自行翻阅相关资料学习。

10.4 上机实践——面向对象实例解析

马和骆驼都是哺乳动物，它们都有4只脚，体型也差不多大。作为现实世界中的生物，下面将为它们编写各自的类。

问题1：编写一个马类（Horse），在这个类中马有3个属性，分别是年龄（age）、品种（category）和性别（gender）。每创建一个马的对象时，需要为其指定年龄、品种和性别。该类中还需要编写一个 get_descriptive()方法，能够组合马的这3个属性。每一匹马都有自己的最快速度，并且在马的生命周期中，它的速度一直在改变，所以类中有一个速度（speed）属性，存储马的最快速度值。类中还有一个 write_speed()方法，用于更新马当前的最快速度值。

例如，一匹阿拉伯12岁的公马，在草原上奔跑的速度为50km/h。要求调用 get_descriptive()和 write_speed()方法，将结果存入文件中。

问题2：编写一个骆驼类（Camel），这个类继承问题1中的马类，但是不对马类中的属性和方法进行操作。因为骆驼是在沙漠中奔跑，所以在骆驼类中改写 write_speed( )方法用于更新骆驼当前的最快速度值并将数据写入文件。

例如，一匹双峰驼 20 岁的母骆驼，在沙漠上奔跑的速度为 40km/h。调用父类的方法和 Camel 类本身的方法将结果保存在文件中。

【解析】对于问题 1，需要调用 open( )函数以写入模式打开文件。Python 定义类时使用的关键字是 class，并且类的名称首字母要大写。__init__( )是类的特殊方法，当根据 Horse 类创建新实例时，Python 都会自动运行它。在这个方法中，开头和结尾各有两个下划线，这是一种约定。__init__( )方法中定义了 4 个形参：self、category、gender 及 age。在这个方法定义中形参 self 是必不可少的，并且必须位于其他形参前面。类中定义的每个变量都要以 self 为开头，以 self 为开头的变量都可供类中的所有方法使用。调用方法需要创建实例，然后使用点号表示法来调用 Horse 类中定义的任何方法。使用 write( )方法将结果写入到文件 1.txt 中，操作完成之后，调用 close( )方法关闭文件。

问题 2 在问题 1 的基础上又添加了一个 Camel 类，super( )是一个特殊函数，帮助 Python 将父类和子类关联起来。创建子类时，父类必须包含在当前文件中，并且位于子类前面。定义子类时，必须先在括号内指定父类的名称，然后在 write_speed( )方法中重新更新速度值，并且利用 replace( )替换 info 字符串中的马。最后创建实例，调用骆驼类中的方法，将结果写入文件 2.txt 中。操作完成之后，关闭文件即可。

```
#问题1 代码如下：
fo = open("1-1.txt","w")
class Horse():
    def __init__(self, category, gender, age):
        self.category = category
        self.gender = gender
        self.age = age
        self.speed = 0

    def get_descriptive(self):
        self.info = "一匹" + self.category + str(self.age) + "岁的" + self.gender + "马"

    def write_speed(self, new_speed):
        self.speed = new_speed
        addr = "在草原上奔跑的速度为"
        fo.write(self.info + "," + addr + str(self.speed) + "km/h。")

horse = Horse("阿拉伯","公",12)
horse.get_descriptive()
horse.write_speed(50)
fo.close()

#问题2 代码如下：
fo = open("2.txt","w")
```

```python
class Horse():
    def __init__(self, category, gender, age):
        self.category = category
        self.gender = gender
        self.age = age
        self.speed = 0

    def get_descriptive(self):
        self.info = "一匹" + self.category + str(self.age) + "岁的" + self.gender + "马"

    def write_speed(self, new_speed):
        self.speed = new_speed
        addr = "在草原上奔跑的速度为"
        fo.write(self.info + "," + addr + str(self.speed) + "km/h。")


class Camel(Horse):
    def __init__(self, category, gender, age):
        super().__init__(category, gender, age)

    def write_speed(self, new_speed):
        self.speed = new_speed
        addr = "在沙漠上奔跑的速度为"
        fo.write(self.info.replace("马","骆驼") + "," + addr + str(self.speed) + "km/h。")


camel = Camel("双峰驼","母",20)
camel.get_descriptive()
camel.write_speed(40)
fo.close()
```

附 录

附录 A 考试大纲专家解读

一、二级公共基础知识考试大纲

基本要求

(1) 掌握计算机系统的基本概念,理解计算机硬件系统和计算机操作系统。
(2) 掌握算法的基本概念。
(3) 掌握基本数据结构及其操作。
(4) 掌握基本排序和查找算法。
(5) 掌握逐步求精的结构化程序设计方法。
(6) 掌握软件工程的基本方法,具有初步应用相关技术进行软件开发的能力。
(7) 掌握数据库的基本知识,了解关系数据库的设计。

考试内容

1. 计算机系统

大纲要求	专家解读
(1) 掌握计算机系统的结构。 (2) 掌握计算机硬件系统结构,包括 CPU 的功能和组成,存储器分层体系,总线和外部设备。 (3) 掌握操作系统的基本组成部分,包括进程管理、内存管理、目录和文件系统、I/O 设备管理	新增知识点,多出现在选择题的第 1 题中,分值约占总分的 1%

2. 基本数据结构与算法

大纲要求	专家解读
(1) 算法的基本概念;算法复杂度的概念和意义(时间复杂度与空间复杂度)。 (2) 数据结构的定义;数据的逻辑结构与存储结构;数据结构的图形表示;线性结构与非线性结构的概念。 (3) 线性表的定义;线性表的顺序存储结构及其插入与删除运算。 (4) 栈和队列的定义;栈和队列的顺序存储结构及其基本运算。 (5) 线性单链表、双向链表与循环链表的结构及其基本运算。 (6) 树的基本概念;二叉树的定义及其存储结构;二叉树的前序、中序和后序遍历。 (7) 顺序查找与二分法查找算法;基本排序算法(交换类排序,选择类排序,插入类排序)	其中 (1)、(3)、(4)、(6) 是常考的内容,需要熟练掌握,多出现在选择题的第 2~4 题中,分值约占总分的 3%。其余考查内容在最近几次考试所占比重较小

3. 程序设计基础

大纲要求	专家解读
(1)程序设计方法与风格。 (2)结构化程序设计。 (3)面向对象的程序设计方法,对象,方法,属性及继承与多态性。	其中(2)、(3)是本部分考核的重点,多出现在选择题的第5题中。分值约占总分的1%

4. 软件工程基础

大纲要求	专家解读
(1)软件工程基本概念,软件生命周期概念,软件工具与软件开发环境。 (2)结构化分析方法,数据流图,数据字典,软件需求规格说明书。 (3)结构化设计方法,总体设计与详细设计。 (4)软件测试的方法,白盒测试与黑盒测试,测试用例设计,软件测试的实施,单元测试、集成测试和系统测试。 (5)程序的调试,静态调试与动态调试。	其中(3)、(4)、(5)是本部分考核的重点,多出现在选择题的第6、7题中。分值约占总分的2%

5. 数据库设计基础

大纲要求	专家解读
(1)数据库的基本概念:数据库,数据库管理系统,数据库系统。 (2)数据模型:实体联系模型及E-R图,从E-R图导出关系数据模型。 (3)关系代数运算,包括集合运算及选择、投影、连接运算,数据库规范化理论。 (4)数据库设计方法和步骤:需求分析、概念设计、逻辑设计和物理设计的相关策略。	其中(2)、(3)、(4)是本部分考核的重点,多出现在选择题的第8~10题中。分值约占总分的3%。其中关系数据模型和数据库系统更是重中之重,考生要熟练掌握

考试方式

(1)公共基础知识不单独考试,与其他二级科目结合在一起,作为二级科目考核内容的一部分。

(2)上机考试,10道单项选择题,占10分。

二、二级Python语言程序设计考试大纲

基本要求

(1)掌握Python语言的基本语法规则。

(2)掌握不少于3个基本的Python标准库。

(3)掌握不少于3个Python第三方库,掌握获取并安装第三方库的方法。

(4)能够阅读和分析Python程序。

(5)熟练使用IDLE开发环境,能够将脚本程序转变为可执行程序。

(6)了解Python计算生态在以下方面(不限于)的主要第三方库名称:网络爬虫、数据分析、数据可视化、机器学习、Web开发等。

考试内容

1. Python 语言基本语法元素

大纲要求	专家解读
(1)程序的基本语法元素:程序的格式框架、缩进、注释、变量、命名、保留字、连接符、数据类型、赋值语句、引用。 (2)基本输入输出函数:input( )、eval( )、print( )。 (3)源程序的书写风格。 (4)Python 语言的特点	以选择题和操作题两种形式考核。选择题中常考核(1)、(2)和(4),分值约占总分的1%。操作题中经常考核(3)

2. 基本数据类型

大纲要求	专家解读
(1)数字类型:整数类型、浮点数类型和复数类型。 (2)数字类型的运算:数值运算操作符、数值运算函数。 (3)真假无:True、False、None。 (4)字符串类型及格式化:索引、切片、基本的 format( )格式化方法。 (5)字符串类型的操作:字符串操作符、操作函数和操作方法。 (6)类型判断和类型间转换。 (7)逻辑运算和比较运算	以选择题和操作题两种形式考核。选择题中常考核(1)、(2)、(3)和(7)。(4)、(5)和(6)是操作题的考核重点,在基本操作题和综合应用题中均有体现

3. 程序的控制结构

大纲要求	专家解读
(1)程序的3种控制结构。 (2)程序的分支结构:单分支结构、二分支结构、多分支结构。 (3)程序的循环结构:遍历循环、条件循环。 (4)程序的循环控制:break 和 continue。 (5)程序的异常处理:try-except 及异常处理类型	以选择题和操作题两种形式考核。选择题中常考核(1)、(2)和(5),(3)和(4)中的部分知识也在选择题中考核,分值约占总分的2%。(3)是操作题的考核重点

4. 函数和代码复用

大纲要求	专家解读
(1)函数的定义和使用。 (2)函数的参数传递:可选参数传递、参数名称传递、函数的返回值。 (3)变量的作用域:局部变量和全局变量。 (4)函数递归的定义和使用	多以选择题形式考核

5. 组合数据类型

大纲要求	专家解读
(1)组合数据类型的基本概念。 (2)列表类型:创建、索引、切片。 (3)列表类型的操作:操作符、操作函数和操作方法。 (4)集合类型:创建。 (5)集合类型的操作:操作符、操作函数和操作方法。 (6)字典类型:创建、索引。 (7)字典类型的操作:操作符、操作函数和操作方法	以选择题和操作题两种形式考核。选择题常考核(1)、(2)、(4)、(5)和(6),分值约占总分的5%。(3)和(7)是操作题的考核重点,在3种操作题型中均有体现

6. 文件和数据格式化

大纲要求	专家解读
(1)文件的使用:文件打开、读写和关闭。 (2)数据组织的维度:一维数据和二维数据。 (3)一维数据的处理:表示、存储和处理。 (4)二维数据的处理:表示、存储和处理。 (5)采用 CSV 格式对一二维数据文件的读写	以选择题和操作题两种形式考核。(1)和(2)在选择题中多以定义和方法的使用为考核对象。(1)、(3)、(4)及(5)多为操作题的考核对象,其中(1)、(4)及(5)是综合应用题的考核重点

7. Python 程序设计方法

大纲要求	专家解读
(1)过程式编程方法。 (2)函数式编程方法。 (3)生态式编程方法。 (4)递归计算方法	以选择题和操作题两种形式考核。(1)、(2)及(4)在选择题中多以程序输出的结果为考核对象。(1)和(3)多为操作题的考核对象,在操作题的 3 种题型中均有体现

8. Python 计算生态

大纲要求	专家解读
(1)标准库的使用:turtle 库、random 库、time 库。 (2)基本的 Python 内置函数。 (3)利用 pip 工具的第三方库安装方法。 (4)第三方库的使用:jieba 库、PyInstaller 库、基本 NumPy 库。 (5)更广泛的 Python 计算生态,只要求了解第三方库的名称,不限于以下领域:网络爬虫、数据分析、文本处理、数据可视化、用户图形界面、机器学习、Web 开发、游戏开发等	以选择题和操作题两种形式考核。(3)、(4)和(5)是选择题常考核的对象。(1)和(2)是基本操作题和简单应用题常考核的对象

考试方式

1. 考试时间

考试时间为 120 分钟,由系统自动计时。考试时间结束后,考试系统自动将计算机锁定,考生不能继续进行考试。

2. 题型及分值

满分为 100 分,共有 4 种考试题型,分别为单项选择题(40 题,共 40 分)、基本操作题(3 题,共 15 分)、简单应用题(2 题,共 25 分)、综合应用题(1 题,共 20 分)。

附录 B 考试环境及简介

1. 硬件环境

全国计算机等级考试二级 Python 语言程序设计考试系统(以下简称考试系统)所需要的硬件环境如表 B.1 所示。

表 B.1　硬件环境

CPU	主频 3GHz 或以上
内存	2GB 或以上
显卡	SVGA 彩显
硬盘空间	10GB 以上可供考试使用的空间

2. 软件环境

考试系统所需要的软件环境如表 B.2 所示。

表 B.2　软件环境

操作系统	中文版 Windows 7
应用软件	Python 3.5.3 至 Python 3.9.10

本书配套的智能考试软件在教育部教育考试院规定的考试环境下进行了严格的测试,适用于中文版 Windows 7、Windows 8、Windows 10 和 Windows 11 操作系统。

附录 C　考试流程演示

考试过程分为登录、答题和交卷三大阶段。

1. 登录

在考试时,考生需要将自己的准考证号输入考试系统的登录界面。一方面是为了验证考生的考试身份,另一方面,考试系统需要为每一位考生随机抽题,生成一套二级 Python 语言程序设计考试的试题。

(1) 启动考试系统。双击桌面上面的"NCRE 考试系统"快捷方式,启动"NCRE 考试系统"。

(2) 准考证号验证。在考生登录界面中输入自己的准考证号,单击图 C.1 的"下一步"按钮,可能会出现 2 种情况的提示信息。

① 输入的准考证号存在。将弹出考生信息确认界面,要求考生对准考证号、考生姓名以及证件号进行确认,如图 C.2 所示。如果准考证号错误,则单击"重输准考证号"按钮重新输入;如果准考证号正确,则单击"下一步"按钮继续。

图 C.1　输入准考证号界面

图 C.2　考生信息确认界面

②输入的准考证号不存在。考试系统会显示相应的提示信息并要求考生重新输入正确的准考证号，直到输入正确或单击"确认"按钮退出考试系统为止。

(3) 登录成功。当考试系统抽取试题成功后，屏幕上会出现二级 Python 语言程序设计的考试须知，考生勾选"已阅读"复选框并单击"开始考试并计时"按钮，开始考试并计时，如图 C.3 所示。

图 C.3 考试须知界面

2. 答题

(1) 试题内容查阅窗口。登录成功后，考试系统将自动在屏幕中间生成试题内容查阅窗口，至此，系统已经为考生抽取了一套完整的试题，如图 C.4 所示。单击上方的"选择题""基本操作""简单应用"或"综合应用"按钮，可以分别查看各题型的题目。

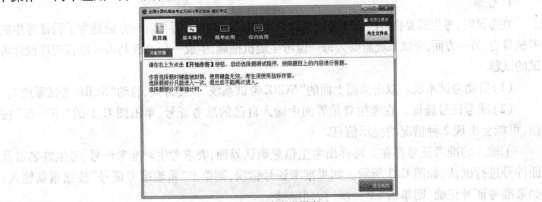

图 C.4 试题内容查阅窗口

(2) 考试状态信息栏。屏幕的顶部显示的是考试状态信息栏，包括：①考生的准考证号、头像和昵称、考试剩余时间；②可以随时显示或者隐藏试题内容查阅窗口的按钮；③作答进度按钮；④交卷按钮。"隐藏试题"按钮表示屏幕中间的考试窗口正在显示，当用鼠标单击"隐藏试题"按钮时，屏幕中间的考试窗口就被隐藏，且"隐藏试题"按钮变成"显示试题"，如图 C.5 所示。

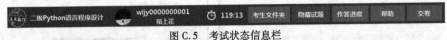

图 C.5 考试状态信息栏

(3) 启动考试环境。在试题内容查阅窗口，单击"开始答题"按钮，系统将自动进入选择题界面，考生根据题目意思答题。对于"基本操作""简单应用"和"综合应用"，单击"启动

IDEL"按钮,在启动的软件中按题目要求进行操作。

（4）考生文件夹。考生文件夹是考生存放答题结果的唯一位置。考生在考试过程中所操作的文件和文件夹绝对不能脱离考生文件夹,同时也绝对不能随意删除或修改考生文件夹中的任何与考试要求无关的文件及文件夹,否则会影响考试成绩。考生文件夹的命名是系统默认的,一般是准考证的前2位或后6位。

3. 交卷

考试过程中,系统会为考生计算剩余的考试时间。考试时间用完后,考试系统会自动锁住计算机并提示输入延时密码。这时考试系统并没有自动结束运行,它需要输入延时密码才能解锁计算机并恢复到考试界面,考试系统会自动运行5分钟,在此期间可以单击"交卷"按钮进行交卷处理,如果不交卷,5分钟后,系统会再次被锁定然后要求输入延时密码,只要不交卷,这个操作会多次执行。（注意:只有监考人员才能使用延时功能）

如果进行交卷处理,系统首先锁住屏幕,并显示"正在结束考试";当系统完成交卷处理时,会在屏幕上显示"考试结束,请监考老师输入结束密码:",这时要输入正确的结束密码才能结束考试。（注意:只有监考人员才能输入结束密码。）

附录 D Python 保留字表

Python 语言中有 35 个保留字,如表 D.1 所示。

表 D.1 Python 保留字表

and	as	assert	break	class	continue	def
del	elif	else	except	False	finally	for
from	global	if	import	in	is	lambda
None	nonlocal	not	or	pass	raise	return
True	try	while	with	yield	async	await

and:表达式运算,逻辑与操作。
as:变量名转换。
assert:判断变量或条件表达式的值是否为真。
break:中断循环语句的执行。
class:创建类。
continue:跳出本次循环,执行下一次循环。
def:创建函数或方法。
del:删除变量或者序列的值。
elif:用于条件语句中,与 if 结合使用。
else:一般用于条件语句,与 if、elif 结合使用。也可以用于异常处理和循环结构。
except:捕获异常,与 try 结合使用。
False:布尔值"假"。

finally：用于异常处理，出现异常后，始终要执行finally包含的代码块，与try结合使用。
for：用于遍历循环。
from：用于导入模块，与import结合使用。
global：为全局变量增加可修改属性。
if：用于条件语句。
import：导入模块。
in：判断变量是否存在序列中。
is：判断两个变量是否完全一致。
lambda：创建匿名函数。
None：空值。
nonlocal：嵌套函数中，修饰变量并标识该变量是上一级函数中的局部变量。
not：表达式运算，逻辑非操作。
or：表达式运算，逻辑或操作。
pass：补全代码格式，本身无意义。
raise：异常抛出。
return：用于从函数返回计算结果。
True：布尔值"真"。
try：包含可能会出现异常的语句。
while：用于循环语句。
with：一般用于打开文件操作。
yield：用于从函数依次返回值。
async：用于异步编程。
await：用于异步编程。

附录 E　Python 例卷及答案

例　卷

一、选择题(每小题1分，共40分)

(1) 在最坏情况下比较次数相同的是(　　)。
　　A) 冒泡排序与快速排序　　　　　　B) 简单插入排序与希尔排序
　　C) 简单选择排序与堆排序　　　　　D) 快速排序与希尔排序

(2) 设二叉树的中序序列为 BCDA，前序序列为 ABCD，则后序序列为(　　)。
　　A) CBDA　　　B) DCBA　　　C) BCDA　　　D) ACDB

(3) 树的度为3，且有9个度为3的结点，5个度为1的结点，但没有度为2的结点。则该树中的叶子结点数为(　　)。

A)18　　　　　　B)33　　　　　　C)19　　　　　　D)32
(4)下列叙述中错误的是(　　)。
　　A)向量属于线性结构　　　　　　B)二叉链表是二叉树的存储结构
　　C)栈和队列是线性表　　　　　　D)循环链表是循环队列的链式存储结构
(5)下面对软件特点描述错误的是(　　)。
　　A)软件的使用存在老化问题
　　B)软件的复杂性高
　　C)软件是逻辑实体,具有抽象性
　　D)软件的运行对计算机系统具有依赖性
(6)数据流图(Data Flow Diagram,DFD)的作用是(　　)。
　　A)描述软件系统的控制流　　　　B)支持软件系统功能建模
　　C)支持软件系统的面向对象分析　　D)描述软件系统的数据结构
(7)结构化程序的3种基本控制结构是(　　)。
　　A)递归、堆栈和队列　　　　　　B)过程、子程序和函数
　　C)顺序、选择和重复　　　　　　D)调用、返回和转移
(8)同一个关系模型的任意两个元组值(　　)。
　　A)可以全相同　　　　　　　　　B)不能全相同
　　C)必须全相同　　　　　　　　　D)以上都不对
(9)在银行业务中,实体客户和实体银行之间的关系是(　　)。
　　A)一对一　　　B)一对多　　　C)多对一　　　D)多对多
(10)定义学生选修课程的关系模式如下:
　　SC (S#, Sn, C#, Cn, G, Cr)(其属性分别为学号、姓名、课程号、课程名、成绩、学分)
　　则对主属性部分依赖的是(　　)。
　　A)C#→Cn　　　　　　　　　　B)(S#,C#)→G
　　C)(S#,C#)→S#　　　　　　　　D)(S#,C#)→C#
(11)在 Python 语言中,IPO 模式不包括(　　)。
　　A)Program（程序）　　　　　　B)Input（输入）
　　C)Process（处理）　　　　　　 D)Output（输出）
(12)在屏幕上输出 Hello World,使用的 Python 语句是(　　)。
　　A)printf('Hello World')　　　　B)print(Hello World)
　　C)print("Hello World")　　　　D)printf('Hello World')
(13)以下关于二进制整数的定义,正确的是(　　)。
　　A)0B1014　　　B)0b1010　　　C)0B1019　　　D)0bC3F
(14)以下关于 Python 语言复数类型的描述中,错误的是(　　)。
　　A)复数可以进行四则运算
　　B)实数部分不可以为0
　　C)Python 语言中可以使用 z.real 和 a.imag 分别获取它的实数部分和虚数部分
　　D)复数类型与数学中复数的概念一致

(15) 以下变量名中,符合 Python 语言变量命名规则的是(   )。
　　　A) 33_keyword　　　　　　　　　　B) key@word33_
　　　C) nonlocal　　　　　　　　　　　D) _33keyword
(16) 以下关于 Python 分支结构的描述中,错误的是(   )。
　　　A) Python 分支结构使用保留字 if、elif 和 else 来实现,每个 if 后面必须有 elif 或 else
　　　B) if-else 结构是可以嵌套的
　　　C) if 语句会判断 if 后面的逻辑表达式,当表达式为真时,执行 if 后续的语句块
　　　D) 缩进是 Python 分支结构的语法部分,缩进不正确会影响分支功能
(17) 列表变量 ls 共包含 10 个元素,ls 索引的取值范围是(   )。
　　　A) (0,10)　　　　　　　　　　　　B) [0,10]
　　　C) (1,10)　　　　　　　　　　　　D) [0,9]
(18) 用键盘输入数字 5,以下代码的输出结果是(   )。
```
n = eval(input("请输入一个整数："))
s = 0
if n >= 5:
    n -= 1
    s = 4
if n < 5:
    n -= 1
    s = 3
print(s)
```
　　　A) 4　　　　　　　　　　　　　　　B) 3
　　　C) 0　　　　　　　　　　　　　　　D) 2
(19) 以下关于 Python 循环结构的描述中,错误的是(   )。
　　　A) while 循环使用保留字 continue 结束本次循环
　　　B) while 循环可以使用保留字 break 和 continue
　　　C) while 循环也称为遍历循环,用于遍历序列类型中的元素,默认提取每个元素并执行一次循环体
　　　D) while 循环若使用 pass 语句,则什么事也不做,只是空的占位语句
(20) 用键盘输入数字 10,以下代码的输出结果是(   )。
```
try:
    n = input("请输入一个整数:")
    def pow2(n):
        return n * n
except:
    print("程序执行错误")
```
　　　A) 100　　　　　　　　　　　　　　B) 10
　　　C) 程序执行错误　　　　　　　　　　D) 程序没有任何输出

（21）以下关于 Python 语言 return 语句的描述中，正确的是（　　）。
　　A）函数只能返回一个值
　　B）函数必须有 return 语句
　　C）函数可以没有 return 语句
　　D）函数中最多只有一个 return 语句

（22）以下关于 Python 全局变量和局部变量的描述中，错误的是（　　）。
　　A）当函数退出时，局部变量依然存在，下次函数调用可以继续使用它
　　B）全局变量一般指定义在函数之外的变量
　　C）使用 global 保留字声明后，变量可以作为全局变量使用
　　D）局部变量在函数内部创建和使用，函数退出后变量被释放

（23）以下代码的输出结果是（　　）。
```
CLis = list(range(5))
print(5 in CLis)
```
　　A）True　　　　B）False　　　　C）0　　　　D）-1

（24）关于以下代码的描述中，正确的是（　　）。
```
def fact(n):
    s = 1
    for i in range(1, n+1):
        s *= i
    return s
```
　　A）代码中 n 是可选参数
　　B）fact(n) 函数功能为求 n 的阶乘
　　C）s 是全局变量
　　D）range() 函数的范围是[1, n+1]

（25）以下代码的输出结果是（　　）。
```
def func(a, b):
    a **= b
    return a
s = func(2, 5)
print(s)
```
　　A）10　　　　B）20　　　　C）32　　　　D）5

（26）以下代码的输出结果是（　　）。
```
ls = ["apple", "red", "orange"]
def funC(a):
    ls.append(a)
    return
funC("yellow")
print(ls)
```
　　A）[ ]
　　B）["apple", "red", "orange"]

C)["yellow"]   D)["apple","red","orange","yellow"]

(27) 以下描述中,错误的是(   )。
   A) Python 语言通过索引来访问列表中的元素,索引可以是负整数
   B) 列表用方括号来定义,继承了序列类型的所有属性和方法
   C) Python 列表是各种类型数据的集合,列表中的元素不能够被修改
   D) Python 语言的列表类型能够包含其他的组合数据类型

(28) 以下描述中,正确的是(   )。
   A) 如果 s 是一个序列,s = [1,"kate",True],s[3] 返回 True
   B) 如果 x 不是 s 的元素,x not in s 返回 True
   C) 如果 x 是 s 的元素,x in s 返回 1
   D) 如果 s 是一个序列,s = [1,"kate",False],s[-1] 返回 True

(29) 以下代码的输出结果是(   )。
   S = 'Pame'
   for i in range(len(S)):
       print(S[-i],end = " ")
   A) Pame   B) emaP   C) ameP   D) Pema

(30) 以下代码的输出结果是(   )。
   for s in "HelloWorld":
       if s == "W":
           continue
       print(s,end = "")
   A) World   B) Hello   C) Helloorld   D) HelloWorld

(31) 下面的 d 是一个字典变量,能够输出数字 2 的语句是(   )。
   d = {'food':{'cake':1,'egg':5},'cake':2,'egg':3}
   A) print(d['food']['egg'])   B) print(d['cake'])
   C) print(d['food'][-1])   D) print(d['cake'][1])

(32) 以下代码的输出结果是(   )。
   s = [4,2,9,1]
   s.insert(3,3)
   print(s)
   A) [4,2,9,1,2,3] B) [4,3,2,9,1] C) [4,2,9,2,1] D) [4,2,9,3,1]

(33) 在 Python 语言中,写入文件操作时定位到某个位置所用到的函数是(   )。
   A) write()   B) writeall() C) seek()   D) writetext()

(34) 以下对 Python 文件处理的描述中,错误的是(   )。
   A) 当文件以文本文件模式打开时,读写按照字节流方式进行
   B) Python 能够以文本文件和二进制文件两种模式处理文件
   C) Python 通过解释器内置的 open() 函数打开一个文件
   D) 文件使用结束后可以用 close() 方法关闭,释放文件的使用授权

(35) 以下关于 Python 二维数据的描述中,正确的是(   )。
   A) 表格数据属于二维数据,由整数索引的数据构成

B)二维数据由多条一维数据构成,可以看作一维数据的组合形式

C)一种通用的一维数据存储形式是 CSV 格式

D)CSV 格式数据每行表示一个二维数据,用英文半角逗号分隔

(36)在 Python 语言中,读入 CSV 文件保存的二维数据,按特定分隔符抽取信息,最可能用到的函数是(   )。

  A)read( )   B)join( )   C)replace( )   D)split( )

(37)以下代码执行后,book.txt 文件的内容是(   )。

  fo = open("book.txt","w")

  ls = ['book','23','201009','20']

  fo.write(str(ls))

  fo.close( )

  A)['book','23','201009','20']   B)book,23,201009,20

  C)[book,23,201009,20]   D)book2320100920

(38)在 Python 语言中,属于网络爬虫领域的第三方库是(   )。

  A)wordcloud B)numpy C)scrapy D)PyQt5

(39)在 Python 语言中,用于数据分析的第三方库是(   )。

  A)pandas B)PIL C)Django D)flask

(40)在 Python 语言中,不属于机器学习领域的第三方库是(   )。

  A)Tensorflow B)time C)PyTorch D)mxnet

二、基本操作题(共 15 分)

(1)输入 4 个数字,各数字采用空格分隔,对应为变量 x0、y0、x1、y1。计算两点(x0,y0)和(x1,y1)之间的距离,输出这个距离,保留 1 位小数。

  例如,输入"3 4 8 0",输出"6.4"。

(2)输入一段中文文本,不含标点符号和空格,保存为变量 s,采用 jieba 库对其进行分词,输出该文本中词语的平均长度,保留 1 位小数。

  例如,输入"黑化肥发灰会挥发",输出"2.7"。

(3)输入一个 9800~9811 的正整数 n,作为 Unicode 编码,把 n−1、n 和 n+1 这 3 个 Unicode 编码对应字符按照如下格式要求输出:宽度为 11 个字符、加号字符+填充、居中。

  例如,输入"9802"输出"++++ꪒ++++"。

三、简单应用(共 25 分)

(1)使用 turtle 库的 turtle.fd( )函数和 turtle.seth( )函数绘制一个正方形,边长为 200 像素,效果如下图所示。

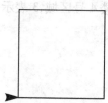

(2)输入张三学习的课程名称及成绩等信息,信息间采用空格分隔,每个课程一行,以空行和回车符结束录入,示例格式如下:

  数学 98

语文 89
　　英语 94
　　物理 74
　　科学 87
输出得分最高的课程及成绩、得分最低的课程及成绩，以及平均分(保留 2 位小数)，将输出结果保存在 PY202.txt 中。

注意，其中逗号为英文逗号，格式如下：

　　最高分课程是数学 98，最低分课程是物理 74，平均分是 88.40

四、综合应用（共 20 分）

下面所示为由公司职员随身佩戴的位置传感器采集的数据，数据文件名称为 sensor.txt（请读者自行创建，注意每行第一个逗号后面有空格），其内容示例如下：

　　2016/5/31 0:05, vawelon001,1,1
　　2016/5/31 0:20, earpa001,1,1
　　2016/5/31 2:26, earpa001,1,6
　　……

第 1 列是传感器获取数据的时间，第 2 列是传感器的编号，第 3 列是传感器所在的楼层，第 4 列是传感器所在的位置区域编号。

问题 1(10 分)：读入 sensor.txt 文件中的数据，提取出传感器编号为 earpa001 的所有数据，将结果输出并保存到 earpa001.txt 文件。输出文件格式要求：原数据文件中的每行记录写入新文件中、行尾无空格、无空行。参考格式如下：

　　2016/5/31 7:11, earpa001,2,4
　　2016/5/31 8:02, earpa001,3,4
　　2016/5/31 9:22, earpa001,3,4
　　……

问题 2(10 分)：读入 earpa001.txt 文件中的数据，统计 earpa001 对应的职员在各楼层和区域出现的次数，保存到 earpa001_count.txt 文件，每条记录一行，位置信息和出现的次数之间用英文半角逗号隔开、行尾无空格、无空行。参考格式如下：

　　1-1,5
　　1-4,3
　　……

含义如下。

　　第 1 行"1-1,5"中，1-1 表示 1 楼 1 号区域，5 表示出现 5 次。
　　第 2 行"1-4,3"中，1-4 表示 1 楼 4 号区域，3 表示出现 3 次。

答　案

一、选择题

1	A	2	B	3	C	4	D	5	A
6	B	7	C	8	B	9	D	10	A
11	A	12	C	13	B	14	B	15	D
16	A	17	D	18	B	19	C	20	D
21	C	22	A	23	B	24	B	25	C
26	D	27	C	28	B	29	D	30	C
31	B	32	D	33	C	34	A	35	B
36	D	37	A	38	C	39	A	40	B

二、基本操作题

(1) ntxt = input("请输入4个数字(空格分隔):")
　　nls = ntxt.split(' ')
　　x0 = eval(nls[0])
　　y0 = eval(nls[1])
　　x1 = eval(nls[2])
　　y1 = eval(nls[3])
　　r = pow(pow(x1 - x0, 2) + pow(y1 - y0, 2), 0.5)
　　print("{:.1f}".format(r))

(2) import jieba
　　txt = input("请输入一段中文文本:")
　　ls = jieba.lcut(txt)
　　print("{:.1f}".format(len(txt)/len(ls)))

(3) n = eval(input("请输入一个数字:"))
　　print("{:+^11}".format(chr(n-1) + chr(n) + chr(n+1)))

三、简单应用

(1) import turtle
　　d = 0
　　for i in range(4):
　　　　turtle.fd(200)
　　　　d = d + 90
　　　　turtle.seth(d)

(2) fo = open("PY202.txt", "w")
　　data = input("请输入课程名及对应的成绩:") # 课程名 考分
　　course_score_dict = {}
　　while data:
　　　　course, score = data.split(' ')
　　　　course_score_dict[course] = int(score)
　　　　data = input("请输入课程名及对应的成绩:")

　　course_list = sorted(list(course_score_dict.values()))

```
        max_score, min_score = course_list[-1], course_list[0]
        average_score = sum(course_list) / len(course_list)
        max_course, min_course = '', ''
        for item in course_score_dict.items():
            if item[1] == max_score:
                max_course = item[0]
            if item[1] == min_score:
                min_course = item[0]

        fo.write("最高分课程是{} {},最低分课程是{} {},平均分是{:.2f}".format(max_
course, max_score, min_course, min_score, average_score))
        fo.close()
```

四、综合应用

问题1：
```
fi = open('sensor.txt', 'r', encoding = "utf-8")
fo = open('earpa001.txt', 'w')
for line in fi:
    if 'earpa001' in line.strip():
        fo.write('{}\n'.format(line.strip()))
fi.close()
fo.close()
```

问题2：
```
fi = open('earpa001.txt', 'r')
fo = open('earpa001_count.txt', 'w')
d = {}
for line in fi:
    split_data = line.strip().split(',')
    floor_and_area = split_data[-2] + "-" + split_data[-1]
    if floor_and_area in d:
        d[floor_and_area] += 1
    else:
        d[floor_and_area] = 1
ls = list(d.items())
ls.sort(key = lambda x: x[1], reverse = True) # 该语句用于排序
for i in range(len(ls)):
    fo.write('{},{}\n'.format(ls[i][0], ls[i][1]))
fi.close()
fo.close()
```